国家林业和草原局普通高等教育"十四五"规划教材
高等院校园林与风景园林专业系列教材

插花艺术与花艺设计

(附数字资源)

杜 娟 黄玮婷 李 达 主编

中国林业出版社
China Forestry Publishing House

内 容 简 介

本教材共10章,分别为绪论,插花艺术基础知识,插花艺术基本原理,东方传统插花艺术,西方传统插花艺术,现代自由式插花艺术,节庆礼仪花艺设计,婚庆花艺设计,酒店花艺设计,插花与花艺作品的鉴赏与评比。

本教材针对零基础的高校学生,在编写内容上除了图文并茂外,还精心配备了丰富的视频教学资源,由资深插花艺术大师、花艺师示范插作各种花型,涉及的内容有基本的花枝修剪造型技巧,十大西方传统花型插作,中国传统六大花型插花,现代花艺设计主要技巧,中国传统节庆(春节、端午、中秋、国庆)的礼仪插花,西方节庆(母亲节、情人节)花束花盒制作,新娘捧花制作、婚车的制作、胸花制作,酒店大堂插花、会议插花等多个经典又实用的插花视频,通过视频的学习让学生轻松掌握插花的技巧并能学以致用。

本教材适用于园林、园艺的本科生及广大花艺爱好者,也可用作公共选修课程教材。

图书在版编目(CIP)数据

插花艺术与花艺设计:附数字资源 / 杜娟,黄玮婷,李达主编. —北京:中国林业出版社,2024.2(2025.6重印)

国家林业和草原局普通高等教育"十四五"规划教材 高等院校园林与风景园林专业系列教材
ISBN 978-7-5219-2488-6

Ⅰ.①插… Ⅱ.①杜… ②黄… ③李… Ⅲ.①插花-装饰美术-高等学校-教材 ②花卉装饰-装饰美术-设计 Ⅳ.①J525.12 ②J535.12

中国国家版本馆CIP数据核字(2024)第004700号

策划编辑:康红梅
责任编辑:康红梅
责任校对:苏 梅
封面设计:北京点击世代文化传媒有限公司
封面摄影:卿少波

出版发行:中国林业出版社
　　　　　(100009,北京市西城区刘海胡同7号,电话83223120,83143551)
电子邮箱:jiaocaipublic@163.com
网　　址:https://www.cfph.net
印　　刷:北京中科印刷有限公司
版　　次:2024年2月第1版
印　　次:2025年6月第3次印刷
开　　本:850mm×1168mm 1/16
印　　张:12 其中彩插1.5印张
字　　数:285千字 另附数字资源约280千字
定　　价:50.00元

数字资源

《插花艺术与花艺设计》编写人员

主　　编　杜　娟（四川农业大学）
　　　　　　黄玮婷（贵州大学）
　　　　　　李　达（湖南农业大学）
副 主 编　黄苏燕（贵州师范大学）
　　　　　　赵　爽（南京农业大学）
　　　　　　姜雪茹（江西农业大学）
　　　　　　马长乐（西南林业大学）
参编人员　操瑞芸（台湾中华花艺浣花草堂研究会）
　　　　　　郑全超（宁波市艺超花艺职业培训学校）
　　　　　　陈　忠（重庆市子木陈花艺培训学校）
　　　　　　罗　弦（四川农业大学）
　　　　　　王仁睿（西南科技大学）
　　　　　　王　华（安徽农业大学）
　　　　　　陈青青（福建农林大学）
　　　　　　黄琛斐（中南林业科技大学）
　　　　　　徐寅岚（南京工程学院）
　　　　　　王秀荣（贵州大学）
　　　　　　蔡建国（浙江农林大学）
　　　　　　谷　凤（安徽农业大学）
　　　　　　胡小京（贵州大学）
　　　　　　曾程程（浙江农林大学）
　　　　　　李颜伶（西南科技大学）
　　　　　　林　葳（浙江农林大学）
　　　　　　白惠如（成都大学）

序 言

一年多之前,我接到四川农业大学杜娟老师的来电,知悉她与贵州大学、湖南农业大学、南京农业大学、江西农业大学等十多所高校的插花教师正在编写国家林业和草原局普通高等教育"十四五"规划教材《插花艺术与花艺设计》,这是件有益之事。

杜娟老师在四川农业大学从事插花教学和研究已有20余年,积累了丰富的教学经验,她根据学校多年教学的实践,萌生了从学生实用的角度编写一本教材的想法。同时,这个想法得到了其他高校插花教师的支持。为了让编写的教材不流于理论的说教,更具实践操作性,他们还邀请了花艺行业的专家参与编写工作,无疑是为教材的编写工作画龙点睛,锦上添花。

《插花艺术与花艺设计》的编写工作,花了近三年的时间,终于定稿,实属不易,可喜可贺。这本教材的适用之处在于,不仅把插花的理论体系梳理得相对完善,而且还在实践上配备了相应的教学视频,便于学习。

具有3000年历史的中国插花艺术,是我国的国粹,已于2008年6月被列为国家级非物质文化遗产,我们必须努力传承,代代相传。当前,我们正在全面建设社会主义现代化强国,也是人们追求精神生活全面升级的时代,插花活动在全国各地风生水起,可以说,中国的插花艺术正进入一个新的黄金时期(上一个黄金时期是唐宋时期)。我们要抓住这一利时机,发展插花教育事业,希望我国高校的学者、花艺界的专家都能不断写出好的花艺论著、教材,能把自己在花艺上的所得所悟变成文字,分享社会,让越来越多的人能够学习插花艺术,使祖国的优秀传统文化不断发扬光大、灿烂辉煌!

2023年11月2日

前 言

　　插花艺术是一门高雅的艺术，它以植物之天韵，借绘画之原理，融合园林、雕塑、建筑、文学等知识来进行创作；借花传情达意、借花抒怀言志，不但美化了我们的生活环境，更能陶冶情操、愉悦身心。在世界插花艺坛上，中国是东方式插花艺术的起源地，中国插花有近3000年的悠久历史和璀璨的插花文化，它深深吸引着广大的高校学子以及花艺爱好者。

　　目前市面上插花教材的种类多样，但是对于像高校学生以及花艺零基础者来说，他们需要的是一本由浅入深，既能了解插花的历史渊源、理论知识，又能学习到贴近人们生活的、实用的插花技巧的教材。鉴于此，我们来自全国各地十余所高校的教师决定携手编写一本适合学生、适合广大花艺零基础者入门学习的实用插花教材，并配上相应的插花教学视频，让学生学完之后能自己动手独立制作插花作品，不仅会插制西式插花，可以在母亲节为母亲送上一束亲自制作的花束；也会插制中国传统插花，可以在家自制一款新春花礼，……如此一来，既提高学生的文化艺术修养、美化生活，又让我国优秀的传统文化得以传承和发扬。

　　本教材由杜娟、黄玮婷、李达任主编，编写团队除了来自四川农业大学、贵州大学、湖南农业大学等十余所高校一线插花课程教师外，还特别邀请了来自台湾中华花艺浣花草堂研究会的中华花艺教授操瑞芸、宁波市艺超花艺职业培训学校校长、中国插花艺术大师郑全超、重庆市子木陈花艺培训学校校长陈忠等一些花艺行业的专家来共同完成。本教材共10章内容及30余个插花教学视频，编写与分工如下，第1章由罗弦编写；第2章由黄玮婷、白惠如编写；第3章由赵爽、杜娟、谷凤编写；第4章由李达、徐寅岚、杜娟、操瑞芸编写；第5章由王仁睿、杜娟、陈忠编写；第6章由黄玮婷、李颜伶、胡小京编写；第7章由黄苏燕、王华、郑全超编写；第8章由陈青青、林葳、曾程程编写；第9章由黄琛斐、姜雪茹、王秀荣编写；第10章由黄苏燕、蔡建国、马长乐编写；全书各个章节以及数字资源的统稿由杜娟完成。

　　感谢蔡仲娟先生于百忙之中为本教材作序，感谢四川农业大学硕士研究生陈小妹、唐雪潍等参与了教材编写的辅助工作；此外，全国有多个花店及花艺师个人对本教材友情授权了大量作品图片，使得本教材图片资源丰富多彩、别具一格，在此一并表示感谢！

由于编者专业知识及编写经验有限，本教材难免存在不当之处，敬请广大读者提出宝贵建议及意见。

编 者

2023 年 6 月

目 录

序 言
前 言

第1章 绪论 …………………………………………………………………… (1)
  1.1 插花艺术与花艺设计定义与特点 ………………………………………… (1)
      1.1.1 插花艺术与花艺设计定义 ………………………………………… (1)
      1.1.2 插花艺术和花艺设计特点及作用 ………………………………… (2)
  1.2 插花艺术简史 ………………………………………………………… (4)
      1.2.1 东方插花艺术简史 ………………………………………………… (5)
      1.2.2 西方插花艺术简史 ………………………………………………… (12)
  1.3 插花艺术分类 ………………………………………………………… (18)
      1.3.1 按艺术风格分类 …………………………………………………… (18)
      1.3.2 按目的用途分类 …………………………………………………… (18)
      1.3.3 按插花容器分类 …………………………………………………… (19)
      1.3.4 按花材性质分类 …………………………………………………… (19)
      1.3.5 按艺术表现手法分类 ……………………………………………… (20)
  1.4 插花艺术意义 ………………………………………………………… (21)
      1.4.1 文化意义 …………………………………………………………… (21)
      1.4.2 经济意义 …………………………………………………………… (21)
      1.4.3 社会意义 …………………………………………………………… (21)
  思考题 ……………………………………………………………………………… (21)
  推荐阅读书目 ……………………………………………………………………… (21)

第2章 插花艺术基本知识 ………………………………………………………… (22)
  2.1 花材 …………………………………………………………………… (22)
      2.1.1 花材分类 …………………………………………………………… (22)
      2.1.2 花材采集与选购 …………………………………………………… (28)
      2.1.3 花材保鲜 …………………………………………………………… (29)
  2.2 插花器具 ……………………………………………………………… (32)

    2.2.1 花器 ·· (32)
    2.2.2 固定花材的用具 ··· (34)
    2.2.3 其他工具及附属品 ··· (36)
  2.3 插花基本技能 ··· (38)
    2.3.1 花材修剪 ··· (38)
    2.3.2 花材弯曲造型 ·· (39)
    2.3.3 花材固定 ··· (40)
 思考题 ··· (43)
 推荐阅读书目 ··· (43)

第3章 插花艺术基本原理 ·· (44)
  3.1 插花艺术造型基本要素 ·· (44)
    3.1.1 质感 ·· (44)
    3.1.2 形态 ·· (45)
    3.1.3 色彩 ·· (48)
  3.2 插花艺术基本原理 ·· (49)
    3.2.1 均衡与动势 ··· (50)
    3.2.2 对比与协调 ··· (52)
    3.2.3 多样与统一 ··· (53)
    3.2.4 节奏与韵律 ··· (54)
 思考题 ··· (56)
 推荐阅读书目 ··· (56)

第4章 东方传统插花艺术 ·· (57)
  4.1 东方传统插花艺术特点 ·· (57)
    4.1.1 师法自然 ·· (57)
    4.1.2 讲究线条 ·· (59)
    4.1.3 突出意境 ·· (59)
  4.2 中国传统插花艺术 ·· (59)
    4.2.1 中国传统插花艺术概念 ··· (59)
    4.2.2 中国传统插花艺术构成要素 ··· (60)
    4.2.3 中国传统插花分类 ··· (61)
    4.2.4 中国传统插花基本知识 ··· (61)
    4.2.5 中国传统插花基本形式 ··· (64)
    4.2.6 中国传统六大器皿插花 ··· (67)
    4.2.7 中国传统插花四大艺术类型 ··· (69)
  4.3 日本传统插花艺术 ·· (72)
    4.3.1 日本传统插花艺术与中国传统插花艺术关系 ························· (72)
    4.3.2 日本传统插花艺术流派 ··· (72)
    4.3.3 日本传统插花艺术主要花型 ··· (75)

4.4 中日插花传承 (80)
4.4.1 日本插花家元制度 (80)
4.4.2 中国传统插花非遗传承制度 (81)
思考题 (81)
推荐阅读书目 (82)

第5章 西方传统插花艺术 (83)
5.1 西方传统插花特点 (83)
5.2 西方传统插花基本花型 (84)
5.2.1 三角型插花 (84)
5.2.2 半球型插花 (84)
5.2.3 水平椭圆型插花 (85)
5.2.4 垂直椭圆型插花 (86)
5.2.5 倒T型插花 (86)
5.2.6 L型插花 (87)
5.2.7 弯月型插花 (88)
5.2.8 S型插花 (88)
5.2.9 圆锥型插花 (90)
5.2.10 扇型插花 (90)
思考题 (91)
推荐阅读书目 (91)

第6章 现代自由式插花艺术 (92)
6.1 现代自由式插花风格特点 (92)
6.1.1 插花素材丰富多样 (92)
6.1.2 东西文化交融而不失民族特色 (94)
6.1.3 灵活、自由、多样的表现形式 (95)
6.1.4 广泛与深刻的创作题材 (95)
6.1.5 新奇的插花技巧层出不穷 (96)
6.2 现代自由式插花设计技巧 (96)
6.2.1 构架 (96)
6.2.2 编织 (97)
6.2.3 粘贴 (98)
6.2.4 分解与重组 (98)
6.2.5 组群 (99)
6.2.6 铺陈 (99)
6.2.7 阶梯 (100)
6.2.8 重叠 (100)
6.2.9 加框 (100)
6.2.10 捆绑 (101)

   6.2.11　透视 ……………………………………………………………………（101）
   6.2.12　包卷与卷曲 ………………………………………………………（101）
   6.2.13　串连 ……………………………………………………………………（102）
  思考题 …………………………………………………………………………………（102）
  推荐阅读书目 …………………………………………………………………………（102）

第7章　节庆礼仪花艺设计 ……………………………………………………………（103）

  7.1　礼仪花艺基本类型 ………………………………………………………………（103）
   7.1.1　花束 ………………………………………………………………………（103）
   7.1.2　花篮 ………………………………………………………………………（105）
   7.1.3　花盒 ………………………………………………………………………（107）
   7.1.4　礼仪花艺设计注意事项 …………………………………………………（108）
  7.2　中国节庆花艺设计 ………………………………………………………………（109）
   7.2.1　春节花艺设计 ……………………………………………………………（109）
   7.2.2　清明节花艺设计 …………………………………………………………（110）
   7.2.3　端午节花艺设计 …………………………………………………………（110）
   7.2.4　中秋节花艺设计 …………………………………………………………（111）
  7.3　西方节庆花艺设计 ………………………………………………………………（111）
   7.3.1　母亲节花艺 ………………………………………………………………（111）
   7.3.2　情人节花艺 ………………………………………………………………（112）
  思考题 …………………………………………………………………………………（113）
  推荐阅读书目 …………………………………………………………………………（113）

第8章　婚庆花艺设计 ……………………………………………………………………（114）

  8.1　婚庆花艺花材选择 ………………………………………………………………（114）
  8.2　婚庆花艺色彩设计原则 …………………………………………………………（115）
  8.3　婚庆花艺设计主要类型 …………………………………………………………（116）
   8.3.1　新娘花艺设计 ……………………………………………………………（116）
   8.3.2　婚车花艺 …………………………………………………………………（118）
   8.3.3　婚礼现场花艺设计 ………………………………………………………（120）
   8.3.4　婚礼餐桌区花艺设计 ……………………………………………………（122）
  思考题 …………………………………………………………………………………（122）
  推荐阅读书目 …………………………………………………………………………（122）

第9章　酒店花艺设计 ……………………………………………………………………（123）

  9.1　酒店大堂花艺设计 ………………………………………………………………（123）
   9.1.1　大堂花艺设计 ……………………………………………………………（123）
   9.1.2　总台花艺设计 ……………………………………………………………（124）
   9.1.3　大堂吧花艺设计 …………………………………………………………（124）
  9.2　酒店餐饮部花艺设计 ……………………………………………………………（125）

  9.2.1 中餐厅花艺 ……………………………………………………………… (125)
  9.2.2 西餐厅花艺 ……………………………………………………………… (126)
  9.2.3 自助餐桌花设计 ………………………………………………………… (127)
  9.2.4 食品、果蔬雕刻花艺 …………………………………………………… (127)
  9.2.5 酒店餐厅用花禁忌 ……………………………………………………… (128)
 9.3 酒店客房花艺 ………………………………………………………………… (128)
  9.3.1 客房插花形式 …………………………………………………………… (128)
  9.3.2 客房插花花材选用 ……………………………………………………… (128)
  9.3.3 酒店客房花艺布置 ……………………………………………………… (129)
 9.4 酒店会议室花艺 ……………………………………………………………… (130)
  9.4.1 会议室花艺花材选用与摆放 …………………………………………… (130)
  9.4.2 会议讲台花艺 …………………………………………………………… (131)
  9.4.3 会议桌花艺 ……………………………………………………………… (131)
 9.5 酒店其他空间花艺设计 ……………………………………………………… (132)
  9.5.1 过廊区花艺设计 ………………………………………………………… (132)
  9.5.2 电梯等候区花艺设计 …………………………………………………… (132)
 思考题 …………………………………………………………………………… (133)
 推荐阅读书目 …………………………………………………………………… (133)

第 10 章 作品鉴赏与评比 …………………………………………………………… (134)
 10.1 作品鉴赏 …………………………………………………………………… (134)
  10.1.1 鉴赏环境 ……………………………………………………………… (134)
  10.1.2 鉴赏方法 ……………………………………………………………… (135)
  10.1.3 鉴赏方式 ……………………………………………………………… (135)
  10.1.4 鉴赏要素 ……………………………………………………………… (136)
 10.2 作品评比 …………………………………………………………………… (138)
  10.2.1 相关比赛 ……………………………………………………………… (138)
  10.2.2 作品评比标准 ………………………………………………………… (141)
 思考题 …………………………………………………………………………… (143)
 推荐阅读书目 …………………………………………………………………… (144)

参考文献 …………………………………………………………………………… (145)

附录 主要插花材料名录 ……………………………………………………… (147)
 附录 1 线状花材 ……………………………………………………………… (147)
 附录 2 团块状花材 …………………………………………………………… (149)
 附录 3 特殊形状花材 ………………………………………………………… (150)
 附录 4 散状花材 ……………………………………………………………… (151)

彩图 ………………………………………………………………………………… (153)

第1章 绪论

插花艺术与花艺设计是一种融自然、生活、文化于一体的艺术,可以充分体现人们的审美情趣和生活智慧,是一种提升文化素养的高品位精神活动。随着社会经济的发展,人民群众对美好生活的向往,尤其是对精神文化的追求越来越强烈,插花艺术与花艺设计越来越受人们的欢迎。用插花烘托气氛、装饰环境、馈赠亲友已成为许多人的生活时尚。

1.1 插花艺术与花艺设计定义与特点

插花艺术与花艺设计均属于花卉艺术的范畴,二者的共性是均以切花为主要素材进行创作,二者的定义与特点既有区别也有联系。

1.1.1 插花艺术与花艺设计定义

1.1.1.1 插花艺术定义

插花艺术,直观地理解,就是把花材通过修剪、整形固定在花瓶、浅盘、竹筒、花篮或其他类型的容器里,而不是种植于某些容器中。所用的花材,或枝、或叶、或果、或根,它们只是植物体上的一部分而不是完整的植物体,还需要根据作者的构思来选材,且遵循一定的美学原理和规范,插制成一个具有优美造型的作品。赋花木以灵性,借此表达作品主题,传递创作者的内心感情和体现人们的生活情趣,使观者赏心悦目，获得视觉上的美感和精神上的愉悦。根据《中国大百科全书》的定义，插花艺术是指"将剪切下来的植物的枝、叶、花、果、根作为主要素材，经过一定的技术（修剪、整枝、弯曲等）和艺术（构思、立意、造型、配色等）加工，重新配置成一件精致完美、富有诗情画意、能再现大自然生态美的花卉艺术品"（中国大百科全书编写组，2023）。

随着人类社会的发展和文明的进步，插花艺术的形式和内容逐渐丰富，其定义也出现狭义和广义之分。狭义的插花艺术指仅用新鲜植物材料在容器中插制作品（见彩图1-1）。而广义的插花艺术泛指用植物材料与各种装饰材料组合插制作品，材料既可以用新鲜花材，也可以用干花、绢花、塑料花等甚至用木块、石头、贝壳、金属丝等装饰材料，广义插花作品不一定要包含狭义插花中所用的容器，可以通过粘贴、串联、架构等手法，将花材融入作品中。

1.1.1.2 花艺设计定义

花艺设计，由英语"flower design" "floral design"或"flower arrangement"等翻译而来，为近现代西方欧美国家的专业花店用词。花艺设计是指按一定的用途或客户要求把花材和其他非植物材料进行精心的搭配、设计并制作出精美的花艺作品。除了传统的器具插花形式外，还包括花束、花环、手捧花、胸花、花圈等非器具插花。因此，凡是用离体植物材料进行装饰美化的形式都可以称为"花艺设计"（见彩图1-2），这与广义插花艺术的概念很相近，但花艺设计更具有艺术性、时代感和个性化，属于具有商业性的一种产品设计，如高档婚礼定制、空间花艺设计（宴会、派对、婚礼、花艺装置艺术）等（鄢敬新，2015）。

1.1.2 插花艺术和花艺设计特点及作用

1.1.2.1 插花艺术与花艺设计的特点

（1）时效性

由于新鲜花材都是从母体植株上剪切下来的、不带根的部位，即便插入清水或保鲜液中能延迟萎蔫时间，但它们失去了根压，切断了输水通道，减少了吸水面积，水分和养分的吸收均有限，自身又不断蒸腾水分，打破了细胞内的水分平衡，导致失水萎蔫，植物寿命缩短。插花作品根据植物种类的不同以及环境温湿度条件的差异，水养时间少则一两天，多则十几天。因此，创作和欣赏插花作品时间也有限，属于快捷的临时性艺术创作欣赏活动，具有时效性（中国插花艺术馆，2021）。

（2）装饰性

插花和花艺设计的过程中，人们所挑选的花材一般都是植物体上最有观赏价值的部位，或形态优美、或颜色鲜艳、或有特殊的寓意，单个花材的个体美为作品的整体造型美奠定了基础。不同种类的花器具有不同的造型、体量、色彩、质感等属性，与不同种类的花材进行搭配，能够满足各种场合的插花装饰需求。如瓜果蔬菜与锅碗瓢盆组合，制作出生活气息浓烈的作品，用于装饰厨房、餐厅等生活空间，增添空间的亲切感。用野花、小草和石缸、陶罐可做出野趣十足的插花作品，可用于装饰户外活动空间，给人以自然舒适感；而鲜艳硕大的牡丹与青花瓷瓶组合成端庄大方的插花作品，装饰礼仪场合，表现出热烈、真诚的氛围（张燕，2017）。插花和花艺设计可以随场合的不同、季节的不同、空间大小等的不同创作出各种具有不同风格和特点的作品，满足不同的装饰需求。

（3）生命性

插花作品和花艺设计作品的主体是具有活力的植物材料，虽然这些材料从植株母体上剪切下来后最终会枯萎，但通过插制后的水养，其细胞、组织、器官仍然能存活数日，甚至会持续表现出生长、开花等生物学过程。插花艺术作品融天然花材绚烂夺目的色彩、摇曳婀娜的姿态、清新芬芳的气息于优美的造型中，以花为友，借花抒情，其创作过程本身就是身心疗愈的享受过程。天生丽质的自然花材经过艺术加工，能使观赏者领略到生机盎然的大自然之美和风姿绰约的气质之美，给人以生命感、和谐感，蕴含着"一花一世界，一叶一枯荣"的哲理。插花艺术品具有生命力这一特征，使之区别于其他工艺美术品。当然，这一特征并不排斥在插花创作中使用一些非植物材料及人造仿真植物材料。正所谓"清水出芙蓉，天然去雕饰"，人们感叹于自然造化之神秀，想尽一切办法去模仿自然界的风物，但以目前的技术水平，绢花、塑料花、丝绸花等仿真花难以达到真正的以假乱真，因为人对同为生命体的植物有着一种内在的感知和识别能力，人们还是更喜欢天然的、具有生命活力的花花草草。

（4）创造性

插花艺术和花艺设计在选材、容器、造型及陈设上都具有很高的灵活性和自由度，可以任由人们发挥天马行空的想象力来进行艺术创作，这就是创造性。自然界的被子植物、裸子植物及蕨类植物逾20万种，凡是具有观赏价值的植物均可作为插花的素材，来源非常广泛。可供选择的插花容器种类也十分丰富，如古代就有用青铜、彩陶、灰陶、绿釉、青花瓷、琉璃、木、竹、石等制成具有古朴典雅气质的花器，近现代出现了玻璃、塑料、水泥及铁等材质的花器。从花器造型来分，古代有觚、觯、罍、尊、壶、盆、盘、瓶、钵、盂、缸、筒、篮等，而随着高分子材料技术、模具技术及3D打印技术的发展，现代花器的造型更是琳琅满目、不胜枚举。外在美和内在美是西方与东方美学思想的根本区别。中国传统插花强调以花悟道，注重人格的培养，一件好的插花作品，一定是作者心灵与品德外化的体现，反映作者的修养和灵魂深处的追求。插花的最高境界就是"天人合一"，追求"虽由人作，宛自天开"的高超造型技艺，人与自然融为一体，作品表现出与作者自身品格、性情交融的独特意境（陈鹤潼，2017）。而西方插花强调作品外在美，包括构图布局、几何轴线、色彩对比和作品给人的整体视角冲击力。因此，同样的花材、同样的花器摆在不同的人面前，会创造出不同的作品，表现出创作多样性，不可简单复制。

1.1.2.2 插花艺术与花艺设计的作用

（1）丰富生活、美化环境

插花是一种古老的传统文化，既是人们满足主观情感的需求，也是人们日常生活中进行娱乐的一种方式。人们爱花、种花、赏花、摘花、赠花、佩花、簪花的生活习俗自古有之，有诗句为证："朝饮木兰之坠露兮，夕餐秋菊之落英""采菊东篱下，悠然见南山""唯有牡丹真国色，花开时节动京城"。插花艺术呈现的是自然美和生活美的结合，按自己的审美情趣和设计意图，因材就势，意造心裁，创作出可供欣赏的插花艺术作品，用来点缀居室、书房、卧室、厅堂，以营造闲情逸致的氛围，为生活点缀色彩。

(2) 传递情感、增加友谊

自古以来，插花就是人们的一种闲情雅致的休闲活动，是人们以花传情、以花达意、借花抒怀的良好方式。花是和平、友谊和美好的象征，鲜花是探亲访友、看望病人的首选礼品，赠予他人精美的花束、花篮、花盒等，可以改善人际关系，增进情谊或表达敬意。插花作为礼品能成为友谊的桥梁，幸福的纽带。在人际交往乃至国宾会晤的场合，都少不了插花作品，它是公关使者，起着烘托氛围等作用(刘金海，2008)。

(3) 陶冶情操、提高修养

插花是一种艺术，而艺术创作者在创作时，应该具有沉静恬淡的心境，优雅从容地完成作品。插花讲究一个"慢"字，慢慢地品味花材之美，慢慢地塑造优雅的造型，慢慢地酝酿作品的寓意，在作品中融入中国人的文化内涵和人文精神，插花作品才具有深邃的意境。切不可因赶时间、担心花材萎蔫或其他原因而迫不及待地完成插花。美的境界是心灵的映射，插花时，只有心纯，气才能清，手才能随，才能在心灵的空地上去营造那美好的意境。人们通过欣赏插花的"生、丽、寂、灭"（指花卉的生长、绚丽、沉寂、消灭的自然变化过程，类似于植物学中描述花朵的孕蕾期、盛开期、凋谢期、枯萎期。)来感悟和诠释生命的真谛(吴娟，2014)。因此插花艺术可以陶冶情操，开拓提升自己的雅趣，排解负面情绪，精神压力得到缓解，使烦躁不安的心情逐渐归于安宁祥和、清净洒脱，促使人们心理更加健康，使自己的生活更有质量和幸福感。

(4) 促进生产、推动经济发展

花卉是一种具有高附加值的经济作物，人们用鲜切花来做插花材料，提高花卉的商品价值。经过市场调查，花艺作品由于观赏价值高，拉动了鲜切花消费。花店同时经销鲜切花与花艺作品，其销售额是单一鲜花销售额的三倍，说明插花艺术与鲜花生产相辅相成，相互促进。因此，插花艺术和花艺设计可以促进花卉产业发展，改善农业产业结构，提高农业产值(周小鹭，2019)。此外，花卉产业可以吸纳就业人口，带动若干上下游产业，如种子种苗、化肥、农药、花瓶、花盆、芳香精油提炼等生产行业，以及鲜切花包装、拍卖、冷链运输物流、销售、插花展览、花艺设计等服务行业，进而促进经济和社会的发展。

1.2　插花艺术简史

插花艺术的表现形式在很大程度上受到地区特点、民族习俗、哲学思想、宗教流派及历史背景的影响，世界上主要有东方式插花和西方式插花两大风格迥异的类型。东方式插花起源中国，并影响了日本、韩国等东亚国家的插花艺术；西方式插花源自古埃及，经历了古希腊、古罗马、拜占庭、意大利文艺复兴、荷兰、法国、英国、美国等各个发展时期。

1.2.1 东方插花艺术简史

东方式插花主要以中国和日本为代表，下面分别介绍两国插花艺术发展简史。

1.2.1.1 中国插花艺术发展简史

中国是东方插花艺术的起源国，中国插花艺术经历了萌芽期、发展期、兴旺期、成熟期、完善期、萧条期和复苏发展期七个时期，从西周、春秋战国至今已有3000多年，包含了中国传统哲学、伦理道德、青铜文化、瓷器文化、植物文化、书画艺术、诗词歌赋等文化艺术的积淀，逐步形成情景交融，形神兼备，充满诗情画意，集自然美、意境美、线条美于一身的风格特征（王莲英和秦魁杰，2019）。

(1) 萌芽期（西周、春秋战国）

考古学证据表明，在远古新石器时代仰韶文化时期，我国人民就把许多美丽的花卉图案烧制在陶制器皿上。这是当时先民爱花、爱美的体现。

西周初年至春秋中叶，反映当时社会生活的诗歌总集《诗经》其中的一篇《郑风·溱洧》记载："溱与洧，方涣涣兮。士与女，方秉蕳兮。女曰：观乎？士曰：既且，且往观乎？洧之外，洵吁且乐。维士与女，伊其相谑，赠之以勺药（即芍药）。"说的是郑国青年男女在溱洧河畔踏青游玩，临别时，采下美丽的芍药花枝赠予对方，以借花传情，表达爱慕之意。这摘下的花枝古称"折枝花"，相当于现在的切花。屈原在《离骚》中有："扈江离与辟芷兮，纫秋兰以为佩"的记述，说明当时有采摘香花佩戴在身上的习俗，显示高雅的气质。折枝花和香花佩戴在当时形式较为简单，没有刻意匠心加工，可以看作是插花艺术中花束和人体花饰的雏形。此时中华先祖已有了原始插花制作的意念，并形成了多种表现形式。虽然这些表现形式缺少艺术造型和规则，但却极具实用性和浪漫情趣。以花传情，借花抒怀，将自然与人文之美融为一体，体现了"天人合一"的自然观，这为后世中国传统插花艺术独特风格的形成奠定了坚实基础（王莲英，2012）。

(2) 发展期（汉、魏、晋、南北朝）

汉代是我国封建社会大发展时期，生产力的提高促进了文化艺术的发展。考古工作者发现河北望都东汉墓道壁画上绘有一个方形垫板，垫板上放置了一个黑色陶制圆盆，盆内插有六枝等距离排列的红色花材（图1-1）。这种花材、圆盆、垫板组合的形式后来逐渐演变发展为花材、容器、几架三位一体的固定模式。可见当时中国插花艺术已经发展出一定的规则或模式，达到了一定的艺术水平（王莲英和秦魁杰，2019）。

东汉时期，佛教从天竺国传入我国，至三国、南北朝时期，各地广建佛教寺院。佛教吸收了中国本土的道教教义，最终发展成为汉传佛教，同时也产生了佛前供花、插花的礼仪。佛教主要有三种形式的供花：散花、皿花、瓶花。散花是于佛像出巡或僧人在讲堂宣扬佛经时，用银线穿彩色宝珠及莲花瓣、纸花等散下，以助其盛。皿花是指在盛水的盆或碗状器皿内放置花朵、花瓣，供奉于佛像前（见彩图1-3）。瓶花是以花瓶插上

图1-1　河北望都东汉墓道壁画(右为临摹图)(王莲英和秦魁杰，2000)

鲜花，供奉佛像。公元5世纪的《南史·晋安王子懋传》记载："年七岁时，母阮淑媛尝病危笃，请僧行道。有献莲华供佛者，众僧以铜罂(细颈广腹铜器)盛水，渍其茎，欲华不萎。"佛门称花为"华"，在佛像前贡奉莲花，祈求母亲病愈(曾端香，2021)。

文人雅士积极参与插花活动，提升了中国传统插花文化内涵和品位。而在佛教和道教的双重影响下，汉魏六朝时期插花的类型主要以宗教插花为主，其特点是追求清净恬淡、庄严肃穆。花材也多以与宗教有关的莲、牡丹、灵芝、果实为主；花器主要是各种质地和颜色的瓶、盘，结构上以对称式构图为主(见数字资源图1-1)，色彩艳丽，无明显层次感，总体上以富丽、华美为主。

(3) 兴旺期(隋、唐、五代)

隋唐时期政治相对稳定，经济逐渐繁荣，社会迅速发展。不断提高的花卉栽培技术为赏花、插花的广泛传播奠定了基础，插花艺术进入了黄金时代，爱花之风盛极一时。除了佛前供花，还发展出了宫廷插花、民间插花的形式。每年农历二月十五日定为"花朝"，人们常常举办盛大的赏花大会来庆祝百花的生日。"唯有牡丹真国色，花开时节动京城""花开花落二十日，一城之人皆若狂"，从以上唐诗中，不难看出牡丹在当时处于国花地位。在唐代宫廷中，插花艺术受到皇亲国戚、达官显贵的追捧，花材以形体硕大、色彩艳丽的牡丹、芍药为主，既体现富丽堂皇、庄严大方之美，也彰显盛世大唐的豪迈气派。

唐代佛事供花仍以莲花为主，在吴道子的画作《送子天王图》(见数字资源图1-2)中可以看到侍女手中捧瓶莲的画面，构图简洁，配花较为考究，常根据花材品格高低，审慎搭配，如牡丹只配兰、梅、荷花等。

宫廷举行的牡丹插花会，有严格的程序和非常讲究的排场。我国插花历史上最早的专著——罗虬的《花九锡》记载："重顶帷、金错刀、甘泉、玉缸、雕文台座、画图、翻曲、美醑、新诗。"这"九锡"意思是说插花的制作及其鉴赏活动必须具备九个方面的内容，即：为其挡风遮雨的帷幔、用来修剪枝叶的剪刀、用来水养花枝的泉水、用来插花的容器、用来安置插花的几架台座、描绘插花的图画、咏颂插花的歌曲、饮酒赏花和赞美插花的诗篇(郑艾琴，2018)。由此可知，唐代人们对插花的创作和鉴赏已到达很高的水平，对摆放插花作品的环境和排场都十分讲究，重视整体艺术氛围。此时中国插花艺术逐渐发展成熟，并随日本派出的遣隋使、遣唐使流传至日本，对日本花道的产生及发展奠基了基础。

五代十国是中国历史上的一段大分裂时期，战乱不断，政局混乱，佛教由盛转衰，文人雅士多隐居避乱，吟诗泼墨，抒发心中的无助和烦闷，他们也借插花的方式来表达思想感情及对世事的不满。民间插花风格一改唐代讲究华丽庄重和气派的旧风，不拘一格，就地取材，名贵花卉和山间野花都可使用。插花容器除了瓷、铜制的瓶与盘，还广泛使用竹筒和漆器。插花的布置出现了吊挂和壁挂等形式，追求自然朴实、简洁、活泼清新、自由自在的风格。

(4) 成熟期(宋、元)

宋代平定了五代的战乱，建立了统一的王朝，文化艺术又走向繁荣，插花艺术发展到鼎盛时期。除传统的"文人四艺"琴、棋、书、画之外，宋代还形成了"生活四艺"（插花、点茶、燃香、挂画），成为有文化修养的人都要掌握的技艺，而插花是"生活四艺"中最生动、最引人入胜的。宋代宫廷插花、文人插花、寺观插花和民间插花都有长足发展，插花形式也不断丰富，不仅有瓶插、盘插、缸插，还有竹筒插花、壁挂、吊挂、柱式装饰、结花为屏（意思是把各种花材结合捆扎起来，形成屏风，用于装饰环境）、扎花为门洞等。这些新的插花形式以及技艺散见于一些文集中，如南宋张邦昌在《墨庄漫录》中记录："西京牡丹闻天下。花盛时，太守作万花会，宴集之所，以花为屏帐。"描写了当时花开时节赏花之盛（朱迎迎，2008）。

受理学思想的影响，宋代插花不只追求怡情娱乐，还特别注重构思和理性意念。在主题、构图、选材、内涵上都注重理性探索，注重花品花德、人伦教化、人生哲理、品德节操等。花材多选用松、柏、竹、梅、兰、桂、山茶、水仙等有深度寓意的上品花木，构图突破了唐代的富丽堂皇，以"清""疏"的风格追求线条美。所以人们把当时的插花作品称作"理念花"，对后世影响颇大。

宋代篮花注重保持花材本身的自然美，富有蓬勃的生命力和韵律感。如南宋李嵩的花篮图（图1-2），花篮有优美的花纹，造型制作精致美观，选用的花材有连翘、林檎（又名花红、沙果）、白碧桃、牡丹、黄刺玫、海棠等春季花卉，也有萱草、石榴、蜀葵等夏季花卉。花材布置丰满生动，花朵半开或盛开，色彩艳丽，错落有致，结构严谨，姿态飘逸，一派生机勃发的景象。

元代政局不稳，文化艺术发展迟滞，插花艺术仅流行于宫廷和文人阶层，普通百姓少有涉足。元代宫廷插花承接了宋朝风格，以瓶花为主（见彩图1-4）。元朝蒙古族统治者对汉族文人多有歧视、欺压，因此汉族文人插花逐渐脱离了固定形式的束缚，表现为个性突出、天马行空的自由式插花，称为"自由花"。汉族文人为了表达对蒙古族统治者的不满以及悠闲自在、不屑为官的心态，他们的插花还出现了"心象花"的形式。心象花作品通常不遵循常规而向往新奇，反映个人主观心境及志趣，强调花材特有的意向、神态，利用花材的象征意义及不同的搭配手法，以情或美为出发点表现感情及浪漫，可传情达意，寄忧舒怀。心象花的花型不固定，花器形式也很自由，作品重在表达个人内在的冥想。钱选的吊篮式插花（见彩图1-5），在吊篮上放两个冰纹瓷罐，罐里分别盛满'金桂'和'银桂'花朵，上面再放一枝三折形似如意的桂花枝条，暗示金贵、银桂，不如自

春季花篮　　　　　　　　　　　夏季花篮

图 1-2　南宋·李嵩　《花篮图》(北京故宫博物院藏)

在如意贵。作者视功名为粪土，逍遥自由才最重要(朱迎迎，2008)。

(5) 完善期(明代至清代中期)

明代朝政恢复了汉人统治，受商品经济和科技进步的影响，花卉种植业得到了空前迅速发展，文人雅士积极参与插花活动，插花沿袭宋代形式，以形体高大、花材多样、造型庄重、构图华美、意境深邃的中立式厅堂插花为主。陈洪绶的《岁朝清供》和边文进的《岁朝图》都是厅堂插花的代表作。《岁朝图》(见彩图 1-6)里十种花材分别具有各自的含义：梅清高淡雅，松苍劲坚毅，柏益寿延年，山茶明丽高贵，兰幽香雅致，水仙高洁无瑕，天竺繁荣昌盛，灵芝吉祥如意，朱柿与如意代表诸事如意(王娜，2006)。

至明代中期，陈设于书斋、闺房的文人插花得到发展，成为斋花。形体小巧、花材少(一两种为宜)，多选用小型瓷瓶做容器，构图随意而松散，不重色彩，朴实生动，不喜华贵，常用如意、灵芝、珊瑚等装饰，颇具清新朗逸之气。高濂在《遵生八笺》中《燕闲清赏笺》的"瓶花之宜"部分写道："如堂中插花，乃以铜之汉壶，大古尊罍，或官哥大瓶如弓耳壶，直口敞瓶，或龙泉蓍草大方瓶高架两旁，或置几上，与堂相宜……若书斋插花，瓶宜短小。"；张谦德《瓶花谱》也言"春冬用铜，夏秋用瓷……贵瓷铜，贱金银，尚清雅也" (王娜，2006)。这说明当时的文人学者对何时何地插花选配何种花器非常讲究。

明代晚期，插花理论日趋成熟，有高濂的《瓶花三说》、张谦德的《瓶花谱》、袁宏道的《瓶史》、屠本畯的《瓶花月谱》、屠隆的《考盘余事》等多部专著问世，涉及内容广泛，论述系统全面而精辟，从不同角度、不同侧面总结了中国传统插花的经验秘法，确立了中国插花的风格和特色，形成了中国插花完整的理论体系，取得了辉煌成就。尤以袁宏道的《瓶史》最具影响力，书中对构图、采花、保养、品第、花器、配置、环境、修养、欣赏、花性等诸多方面均有论述。该书传入日本后，备受花道界推崇，被奉为经典，并形成"宏道流"(刘中华，2007)。

清代初期的插花仍沿袭明代的传统风格，但更具有装饰性和民俗性，喜用组合式布置。受盆景艺术的影响，写景式插花盛行，以写实手法将自然风光微缩于盆中(见彩图 1-7)。清代还流行谐音式插花，选取花材、果实或器具的名称组合为主题，以吉祥的寓意构成作品名称。如马诒创作的《前程万里》，以铜钱、拂尘、万年青、李子为花材取其谐音为主题。

明末清初文人李渔在其《闲情偶寄》中发明了以"撒"固定瓶花花材的方法。所谓"撒",一般用半木质化枝条制作,常呈"井"字、"丫"字或三角形,卡于瓶口处,用于固定花枝。此方法被后人逐渐接受,成为中国插花的传统技艺,对插花技术的提高和观念的改革具有重要意义。清代文人沈复在《浮生六记》中提出"起把宜紧""瓶口宜清"的瓶花制作法则,强调花枝剪裁与曲枝之法,并发明了类似当今剑山的花材固定工具,对清代及其以后的插花发展做出很大贡献。陈淏子在《花镜》中对插花水养方法、花枝处理、陈设方法和容器的选择等方面做了切合实用的论述(张德炎,2015)。

(6) 萧条期(清代后期、民国、新中国成立)

从1840年鸦片战争开始至新中国成立前,列强入侵,国势衰弱,战乱频发,民不聊生。花事萧条,发展缓慢,只有少数宫廷和文人学者玩赏或研究插花。组合式插花流行,崇古之风仍盛,插花以用古代青铜器并带铭文拓片为美。新中国成立前后,文人画家欣喜解放,创作了很多歌颂新社会的画作,有的就是以插花为主题的。

(7) 复苏期(改革开放至今)

1978年改革开放之后,中国插花艺术如雨后春笋般迅速发展起来,官方和民间插花组织纷纷成立。北京成立了"北京插花艺术研究会",以弘扬中国传统插花为己任。1989年中国插花花艺界首次成立了全国性的行业组织"中国插花花艺协会",该协会普及插花知识,培养插花人才,积极开展各项插花活动。各地举办了多种类型和层次的插花培训班,一些高等院校和中等专业学校开设了插花艺术课程,为普及和提高插花艺术水平做出了重要贡献。

2002年,国家劳动和社会保障部发布了《插花员国家职业标准》,插花员首次成为国家正式承认的工种。2008年,中国传统插花成为国家级非物质文化遗产项目。

随着中国插花行业的蓬勃发展,一大批有关插花花艺的专著、教材等图书纷纷问世。据不完全统计,从20世纪80年代至今,已有500多部插花花艺著作出版,平均每年出版超过10部。其中除了传统的插花技艺教程外,还有茶室插花、蔬菜插花、婚庆花艺以及人造花、干花、丝网花插花专著等,不一而足。在北京、上海、广州等大城市定期举办的全国性或国际性的插花花艺展览和竞赛,促进了国内外插花花艺的交流。一些国外知名花艺师到国内来授课,促使西方花艺被国人接受,中国传统插花与西方花艺开始交流融合。中国插花吸收西方现代花艺的优点,结合中国传统插花的艺术理念,逐渐形成了中国现代花艺的新类型。全国各地插花流派层出不穷,呈现"百花齐放、百家争鸣"的良好局面,中国插花艺术必将奋力前行,再现辉煌!

1.2.1.2 日本插花艺术简史

中国和日本是一衣带水的邻邦,文化艺术交往密切。日本插花深受中国文化影响,插花随着中国佛教传入日本,其风格和形式都带有佛教插花艺术的特点。插花艺术在日本称为"花道",就是指适当地截取树木花草的枝、叶、花插入花瓶等花器中的方法和技术。

(1) 日本花道的起源

日本花道的历史可追溯到飞鸟时代，遣隋使小野妹子于607—609年先后三次访问中国，随行的还有一批僧侣和学生，他们学习了中国的律法、文学、儒学、佛学、书法、绘画和工艺技术等先进文化。小野妹子完成使节任务回国后，皈依佛教，居住于日本圣德太子在京都创建的六角堂内的池坊，潜心修道，专心礼佛侍花。他吸取了中国佛前供花的精要，并根据日本习俗制定了祭坛插花时花材配置的标准，后经历代坊主继承和发扬，最终发展成日本插花艺术中第一个流派——池坊花道。

(2) 萌芽期

8世纪初期，日本花道开始萌芽，佛教的传入和发展促进了日本插花的兴起，形成了花道的雏形——寺庙祭坛插花，花型对称、严谨。9世纪中叶，日本人开始流行将花枝置放于瓶内观赏，这是学习了中国唐代兴起的瓶插之风。随着时间的流逝，仅出于宗教目的而进行插花的习俗有所放松，贵族们率先在宗教领域之外进行插花。10世纪前后，在传统日本贵族家庭的壁龛中经常摆放瓶花，这也间接提高了插花的地位。有壁龛的房间被认为是房子里最重要的地方，主要用来接待贵宾和作为重要仪式的场所。插花与珍贵的艺术品，如一幅挂画或书法题词一起展出，展品之间必须和谐一致，因此，插花设计就变得尤为重要，就像壁龛上的其他艺术品会被替换以反映时节的变化一样，插花的花材也随季节而有所更替。

图1-3 立花

平安后期（1096—1185年），日本花道开始与本土文化结合，逐渐脱离了起初模仿中国插花的形式。在日本民俗信仰中，自然界的花草树木皆有灵性，人们尤其喜爱四季常绿的松、杉、柏类树木。他们最早祭祀的树木神是栖居、依附在树木上的神灵。日本花道植根于这样的信仰中，发展出最初的插花形式——立花，它包括立花正风体（又分为传统立花、现代立花）和立花新风体。传统立花正风体由7个或9个基本部分加辅助枝构成，作品端庄、华丽、充分展现自然界多彩多姿的秀丽景色（图1-3）。

(3) 形成期

从中国宋代开始，中日通商日益活跃，到14世纪，日本上流社会的封建武士领主喜爱中国文物，普遍采用中国的花瓶，举办"花御会"（即插花比赛）。寺庙僧侣开始进入贵族的官邸，应主人要求而插花。这些僧侣当中，以池坊专庆的插花技术最为精湛，在此期间正式产生了"池坊花道"，因此，专庆被认为是"池坊花道"的真正创始人。池坊花道注重花器在插花中的作用，所用花器非常考究，制作精美，讲究材料与花器之间的搭配。立花是池坊流独有的插花形式，代表着池坊的传统。

日本插花形成时期的重要标志是《仙传抄》和《池坊专应口传》两部著作的问世。《仙传抄》是最早期的立花传书，记述了插作立花、装饰之花、季节之花、节气之花等方法及花材，共 53 条，是日本传统插花的百科全书（潘远智，2020）。

（4）发展与兴盛期

16~19 世纪，日本政局稳定、经济繁荣，民众生活水平提高，在日本各个阶层中插花活动都变得司空见惯。传统日本平民住宅中的壁龛是根据贵族住宅中的壁龛设计进行简化的，以适应普通平民较小的住宅。插花普遍流行摆放在平民家庭的壁龛中，其用途从宗教礼仪功能转变为家居装饰功能，插花技艺得到长足发展，艺术风格有了较大转变，除了池坊"立花"花型外，还派生出"投入花""生花"等花型。

1696 年，中国明朝文人袁宏道的《瓶史》流传到日本，备受日本人推崇，并创立"袁中郎流"，后改称"宏道流"。"宏道流"秉承中国文人清雅、幽寂的精神，形成了高雅脱俗的独特风格。

江户时期的立花花型巨大、色彩艳丽、形式舒展、富有创意。"投入花"又称"抛入花"，花型小巧轻便，很适合装饰茶室的小客厅，因而被用于茶室做"茶花"。江户初期茶道流行，"茶花"开始受到人们青睐。到了 18 世纪后期，产生了作为壁龛花的"生花"。"生花"形式简洁，基本为三角构图，插作起来较容易，因而被当作壁龛花受到了大众喜爱（Keiko Kubo，2006）。

（5）现代插花的兴起

19 世纪中叶，明治维新引入大量的外国文化，传统的日本花道陷入低潮，受西方园艺植物和插花的影响，日本花道酝酿了一次变革，各种流派应运而生。1897 年兴起了"盛花""文人花"等。1911 年小原云心受当时中国盆景和清代写景式插花的影响，又吸收了西方插花色彩应用手法，把原来"立花"和"生花"那种线条变化为主的布局方法，改为强调面的铺开方式，以广口器皿（水盘）为花器使花材犹如盛放在花器中铺展开来，称为"盛花"

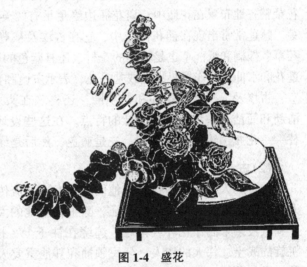

图 1-4　盛花

（图 1-4），由此创立了日本插花的"小原流"。如今为大家所熟悉的使用水盘和剑山的插花方式，就起源于"小原流"。

1926 年敕使河原苍风创立"草月流"，他将古典与新潮融合，承载着传统、富含活力又充满新奇与创新，其开创的"自由花"开启了日本现代插花的序幕。"草月流"的作品看上去夸张、另类，但富于想象力，不是单纯地模拟自然，而是去追求自然中难以寻觅的美。

20 世纪 50 年代后，日本花道深受美国人的青睐，在西方得到广泛宣传，进而受到欧美各国人民的喜爱。日本插花从此逐渐走向世界，在世界花艺界产生越来越大的影响。

1.2.2 西方插花艺术简史

基督教的《圣经·旧约·创世纪》记载，自从伊甸园中出现各类花草树木以来，植物在人类生活中就扮演着至关重要的角色，它们为人们提供了食物、药物和建筑材料，也为人们带来了美丽芬芳的鲜花。人类社会发展的历史表明，花艺设计以及其他各类艺术形式在经济繁荣的和平时期更易获得蓬勃发展，而在战争年代和因自然灾害或流行疾病暴发而导致生活困难时，艺术活动就会减少甚至消失。随着生产力的发展，人类文明更加进步，生活水平日益提高，花艺制作、赠花交友等活动成为人们日常生活的一部分。

1.2.2.1 地中海沿岸及西欧插花艺术简史

(1) 古埃及时期

西方插花起源于古埃及，考古学家和艺术史学家一致认为，在装满水的容器中使用切花可以追溯到很早以前。有迹象表明，插花最初仅限于宗教仪式。远在公元前2500年埃及人将植物材料用于这一目的和其他装饰目的。出土的浮雕和彩绘壁饰所示，他们将花朵剪下来，插在花瓶里，插花的构图是高度程式化和规则严谨的，几个世纪以来几乎没有变化。花朵整齐地布置在花瓶中，离花瓶边缘足足有两英寸*高。这些花的两侧稍低处插有叶或芽。睡莲常常出现在插花作品中，它在古埃及被尊为圣花，是幸福和神圣的象征。此外，药草、棕榈和纸莎草也是常用的花材，还有蓝色的海葱（虎眼万年青）、西伯利亚鸢尾、银莲花和水仙被用作餐桌桌花或礼品花，表示友谊和喜庆（Betty Belcher, 1993）。

古埃及人喜欢戴花环和花项圈，还喜欢在头发上做花冠；也喜欢莲花制成的花束，清新和简洁是古埃及插花设计的特点。在这些设计中，有两种艺术规则盛行：重复和交替——花瓶边缘的颜色交替，先是蓝色，然后是绿色，再是蓝色。

(2) 古希腊、古罗马时期

古希腊人对美非常执着，他们的艺术遗产流传千古，一直影响今天的艺术。古希腊人认为花通常是神或英雄的象征，除了在落地的大花瓶中插花之外，他们还用花朵、叶片和软枝条来制作花环或花冠，缠绕在柱子上、挂在旗杆上，或佩戴在获奖的运动员、凯旋的战士、伟大的诗人、公民领袖和其他重要人物的头或脖子上，象征忠诚和奉献精神。举行葬礼时的坟墓和宴会时的桌子都用花环装饰。花环是古希腊人生活方式的重要组成部分，因此有专门的书籍论述花束、花环的制作方法以及佩戴花环的礼仪。古希腊的插花设计表现出优雅和简洁，颜色并不重要；相反，与每一朵花相关的花型、香味和象征意义才是最重要的。常用的花材有黄杨、常春藤、月桂、橡树或紫杉的枝条，欧芹和月桂叶等草药，苹果、葡萄、无花果和其他水果，以及金银花、风信子、百合和月季等芳香花卉。如图1-5《丰饶之角》所示，最早是由希腊人引入的。最初它是竖直向上放置在一个架子上的，而今天人们把它侧放，瓜果和鲜花从中溢出，作为富足的象征，人们常常把它与感恩节的庆祝活动联系在一起。

---

*1英尺=2.54cm。

在古罗马的尼禄和克利奥帕特拉时代，每当重要节庆日，人们在地板、街道、水池和桌子上撒下月季花瓣，以营造欢乐的氛围。古罗马人在鲜花的使用上延续了古希腊人的习俗。然而，富裕的古罗马人用花更加奢侈，在宴会上，月季花瓣从天花板上如雨点般落下，铺了厚厚一层，这么多花的香味据说令人窒息。古罗马还出现了一个习俗是用围巾携带鲜花，作为宗教仪式的一部分，人们把花包在围巾里，供奉在圣坛上。花冠和花环的使用也是从古希腊延续下来的。然而，古罗马的花冠和花环沉重而精致，花冠像高高的王冠一样，在头上翘起来，花环更加精致，中间宽大，末端逐渐变细。有证据表明，古罗马人还制作

图1-5 《丰饶之角》

了篮花，这些篮子后面很高，前面是平的，花放置于低矮细密的树枝之间，所用的花材芬芳馥郁、颜色鲜艳。

（3）拜占庭时期

公元4世纪，拜占庭被第一位信奉基督教的皇帝君士坦丁选定为东罗马帝国的首都。不久之后，西罗马帝国被野蛮部落践踏，进入了被称为"黑暗时代"的动荡时期。拜占庭能够保护本国不受外国征服，直到1453年被土耳其的奥斯曼帝国占领。土耳其和波斯在拜占庭时期发展出锥形构图的插花设计，构图为高大、细长的等腰三角锥形（图1-6），容器通常为圣杯形或瓮形，花材通常选用百合、雏菊、香石竹、松叶、葡萄和其他水果。古希腊和古罗马的花艺风格在这一时期被延续，但花环

图1-6 拜占庭时期的插花

的构造不同，背景是树叶，上面点缀着细小的花朵，形成拱形的线条，营造出一种扭曲的效果。拜占庭时期的插花以高度和对称性为特点。容器中插满了叶子，看起来像对称的圆锥形树，分别以鲜花和水果为装饰材料，依次螺旋状上升排列。

（4）中世纪时期

在中世纪时期，许多有用的植物都是僧侣们在修道院的围墙内培育的。战争和持续的动乱使得除了用于食用或药用的植物之外，人们很少有时间种植观赏植物。教堂的祭坛有时也用绿篱植物装饰，然而，很少有人纯粹以观赏为目的进行花卉种植。在中世纪后期，也就是哥特时期，花卉开始在日常生活中扮演重要的角色。手稿和祭坛画的边框和画框上画满了植物和花朵。古罗马帝国灭亡后，人们又对种花产生了兴趣，他们看重的是其姿色，而不是它们的用途。这一时期的伟大艺术家留下了宝贵的绘画遗产，这些绘画完美地记录了这一趋势。

（5）文艺复兴时期

14~16世纪见证了文化的复兴。文艺复兴始于意大利，很快蔓延到整个欧洲。文艺

复兴的风格深受拜占庭、古希腊和古罗马的影响。这一时期的花艺设计使用了大量红、黄等暖色,这样浓烈的颜色,给人一种富丽堂皇的印象。例如,在青铜、大理石或厚重的威尼斯玻璃容器中盛放着大量干花、鲜花和热带水果,色彩十分艳丽。

花瓶中的花朵经常出现在这一时期的绘画中,因为人们非常强调花朵的象征意义。文艺复兴时期的典型插花方式是把花插在花瓶里,花茎被覆盖,形成一种密集、对称、有序的排列。在17世纪早期,欧洲画家创作了静物写生的艺术杰作,在花瓶中放入大量鲜花,在插花作品周围的桌面上放置水果、鸟类和昆虫标本以及动物的毛皮。这一时期的绘画展示了圆形或椭圆形的花器设计,从非常华丽的花瓶到经典的瓮一应俱全。许多插花作品被放置在基座上、壁龛里,有时也被置于室外。一些画家的一幅画作中包含两种插花设计,表明它们是为了一起使用而设计的。

意大利画家圭多·卡尼亚奇(1601—1663年)的一幅画作中绘制了一个旧酒罐中的花朵(见数字资源图1-3),酒罐盖子敞开着,草绳卷曲在酒罐的侧面,增强了纹理的变化和节奏感。18世纪中期,法国画家让·巴蒂斯特·西梅翁·夏尔丹(1699—1779年)创作了《瓷花瓶中的花朵》(见数字资源图1-4),这是一个非常简单的设计,红色、白色和蓝色的花插在一个蓝灰色的花瓶中。这幅画是印象派风格,而不是精心渲染的,花朵形状可辨认为圆形或椭圆形,给人以月季、晚香玉和满天星聚集成束的印象。

图1-7 S型插花

(6) 巴洛克时期

巴洛克风格和文艺复兴时期的风格一样,起源于意大利,并传播到欧洲其他地方。在米开朗琪罗和丁托列托的作品中,可见这种新风格。到了1650年,巴洛克风格的插花可以在该时期的绘画和挂毯中看到。在巴洛克早期,插花布置得非常密集,常常溢出花器,通常为对称的椭圆形设计。后来,S型或新月型的不对称曲线开始流行。S型曲线(图1-7)是由英国画家威廉姆·霍加斯创作的,因此也被称为"霍加斯曲线",在现代花艺设计中仍然相当流行。

(7) 荷兰和佛兰德时期

通过荷兰和佛兰德(注:传统意义上,佛兰德包括法国北部、比利北部和荷兰南部的一部分。现今并不代表一个特定的行政区域,而只是一个文化概念上的区域。)时期艺术家的花卉绘画作品,可以看到传统的巴洛克风格的插花设计得到了改进。这些插花不像当代巴洛克风格那样松散开放,但比例更好,也更紧凑。这一时期插花的显著特征是花材种类十分丰富,大量的鲜花与水果和蔬菜结合在一起,如石莲花(*Echeveria secunda*)、香石竹、菊花、大丽花、雏菊、毛地黄、鸢尾、百合、牡丹、月季、郁金香等鲜花都有应用。花器通常用雪花石膏瓮、锡罐、青铜瓮、绿色或琥珀色玻璃瓶、银碗和花篮,其通常被溢出边缘的花朵、树叶和水果所遮盖。燕窝、鸟蛋、蝴蝶、松鼠标本、书籍或普通的家庭用品经常置于桌面,使容器显得更加模糊。流行的颜色是充满活力的暖黄色、橙色和红色,钴蓝色、紫色和柔和的绿色作为补充。

(8) 法国时期

在这一历史时期，法国人的装饰风格经常发生变化，又分为四个阶段。第一个阶段称为"法国巴洛克"，在 17 世纪路易十四统治期间，法国的巴洛克风格直接受到了传统巴洛克艺术的影响。然而，某些特征使得它表现出纯粹的法国风格。路易十四统治时期的宫廷社会由于奢侈的品位而变得懒散和女性化，女性魅力成为这一时期法国花艺设计的一个重要特征。插花的特点是精致和优雅。

法国的第二个艺术阶段称为"法国洛可可"，这种风格起源于法国，但很快传遍了整个欧洲和其殖民地。这种风格的变化发生在国王路易十五的统治时期。这时的插花在形式上主要是不对称的曲线，新月型(C 型曲线)比 S 型曲线使用得更多。洛可可设计中使用的花朵精致而轻巧，花材主色调一般用同色系，不呈现鲜明的对比色。

法国的第三个艺术阶段称为"路易十六"(18 世纪晚期)。这一时期的花艺设计风格持续向女性化发展。这是由玛丽·安托瓦内特女王带来的，她喜欢选用精致、冷色调的花材，并用金黄色花朵作为设计的焦点。

法国的第四个艺术阶段称为"帝国时期"(1804—1814 年)。继 1789 年法国大革命之后，一场新的艺术运动席卷欧洲，称为古典复兴时期或新古典主义时期。在西方世界，新古典主义风格在法国的拿破仑·波拿巴统治时期是绝无仅有的。在当时两位建筑师的指导下，帝国式设计风格诞生。这些都是以军国主义为主题的男性化设计，抛弃了女性特征。帝国的建筑布局在尺寸和体量上都是巨大的，它们比法国早期的建筑更紧凑，具有三角形的简单线条和强烈的色彩对比。典型的帝国式插花设计以一个沉重的瓮为容器，里面有大量的花大色艳的花朵，构图均衡，高度大于宽度，色彩柔和，没有强烈的对比色，显得十分和谐。常用的插花花器还有果篮、瓷质花瓶、瓷质缸或水晶瓮、威尼斯玻璃瓶、青铜瓮、雪花石膏瓮或银制的瓮。飞燕草、落叶松、丁香等穗状花材往往与藤蔓植物结合，月季和其他芳香的花朵也受到青睐，插花构图没有中心点或焦点。

(9) 英国乔治亚时期

乔治亚时期是以三位英国统治者乔治一世、二世和三世国王的名字命名的。这些国王在巴洛克时期统治着英国。乔治亚时期花艺在风格上分为早期(1714—1760 年)和晚期(1760—1820 年)。早期的容器通常是沉重的金属瓮或大理石瓮，植物材料十分丰富，如紫丁香、百合、耧斗菜和观赏草等经常使用到。受到法国花艺的强烈影响，此时英国大多数花艺设计是规整而对称的，构图通常为等腰三角形，各种各样的花朵排列紧密。在乔治亚时期的后期，花艺设计不再拘谨和对称，色调搭配更加精致。花的香味变得很重要，人们相信它们的香味可以消除空气中的疾病。因为这个信仰，英国人创造一种携带甜蜜气味的手持小花束。在当时的社会，洗澡通常被认为是不健康的，而花束有助于掩盖体味。花束被用作空气清新剂，很快就成为一种时尚潮流，妇女喜爱在头发上、脖子上和长袍上戴花。

(10) 英国维多利亚时期

这一时期是以英国维多利亚女王的名字命名的。此时的插花构图通常是球型或圆型，大量的花被紧紧地插在一个容器里，形成一个紧凑的布局，花材色调往往采用大胆、丰富的颜色或纯白色。与法国风格不同的是，构图的宽度往往大于高度。人们专门为花束制作了特殊的支撑架，这样就不必一直手拿。维多利亚时代末期，人们建立了插花学校，由熟练的设计师教授插花课程。从此，插花在英国成为一门专业艺术。

到19世纪中后期，插花呈现非紧凑的风格，花朵布置得更加仔细。在一种常见的模式中，最大的花被放置在容器上方的视觉焦点附近，较小的花被布置在构图的顶部和外缘，观赏草的叶片也常常被纳入设计中。

陶罐、玻璃杯、轻巧的花瓶、厚重的威尼斯玻璃瓮、大理石瓮或青铜瓮等花器都有应用。通常，花器几乎完全被大量鲜花、其他植物材料和配件所遮掩。花色采用混合色或类似色搭配，在背景较暗的情况下，容易产生明亮的效果。

1.2.2.2 美国插花艺术简史

（1）美国殖民地早期

欧洲花艺的遗产是美国花艺的重要组成部分，当时的花艺设计是随着早期移民，把文艺复兴的风格带到美国的，但早期移民的日子很艰难，他们几乎没有时间进行插花艺术创作。殖民者虽然是园丁，但可利用的植物种类较少，美洲植物与欧洲的也有所不同，殖民者的注意力集中在可食用和具有药用价值的植物上。随着早期定居点的建立，殖民者将野花、谷物和野草放入日常使用的罐子、篮子或木碗、陶器、锡壶、铜壶和平底锅中，做成简单的花束或其他插花作品，花束构图通常是不规则的混合花束。然而，不久以后，独特的美国风格出现了，与欧洲不断变化的品位同步发展。一场花艺设计革命正在酝酿之中，并且有别于欧洲的花艺特点。

（2）美国殖民地威廉斯堡时期

英国在北美的殖民地弗吉尼亚州的首府以当时英国君主威廉三世的名字命名，叫威廉斯堡。此时，殖民地与欧洲和亚洲的贸易已经非常活跃。来自这些地区的艺术风格被新大陆的人们所接受、吸收，并形成了自己的风格。这一时期最典型的花束形式是一种随意、开放的圆形或扇形花束，少量小巧的花卉被轻轻地安置在顶部，而体量更大的花被密集放置在容器的底部，整体效果非常优雅。鲜花往往与小麦或大麦结合，植物材料有时完全盖住容器。花器是英国风格的青铜瓮、雪花石膏瓮、大理石瓮、锡瓶、银瓶或瓷器。水果和鲜花有时会放在花瓶旁边的桌子上。

（3）美国联邦时期

这一时期相当于英国的乔治亚王朝时期，殖民地刚刚从英国获得独立，美国人想要脱离英国的传统花艺设计。英式华丽而古板的花艺设计逐渐让位。这一时期美国深受当时欧洲流行的法国新古典主义和帝国设计的影响，构图通常是金字塔形或扇形，高度大于宽度，规整而对称。水果与花朵和树叶结合。容器多数为花瓶、分层饰盘、瓮或压花玻璃瓶、银质或瓷质的罐子。小雕像、烛台、绘画或其他家庭用品经常与插花一起展示。

（4）美国19世纪时期

这一时期花艺风格遵循欧洲维多利亚时代设计的一般特征，在华丽的容器中大量使用鲜花。美国南北战争期间，人们无暇顾及艺术，此时的花艺经历了一段过度简化的时期，没有经过专门的构思和设计，十几朵康乃馨以及一些文竹和观叶蕨类植物通常被随意放置在一个玻璃花瓶中。

(5) 美国 20 世纪早期

1930 年代初期，美国的花园俱乐部运动正式开始，花园和花店的鲜花一应俱全。受到东方插花的线形设计和欧洲插花的体量设计的强烈影响，美国发展出了一种新的花艺设计风格，这种新样式通常称为"线形–体量"设计（Charles Griner，2002）。

美国早期的线形、线形–体量和体量设计至今仍然流行，所有这些插花设计都使用固定的规则模式和先前应用过的样式。它们基于几何形状，并拥有一个视觉焦点区域。采用任何一种植物材料的数量均为奇数。

线形设计借鉴了东方式线形设计，具有开放的构图轮廓，花材用量非常简洁。线形设计有垂直型、水平型、新月型、S 型、"之"字型、斜线型、不对称三角型、L 型、垂直和水平线组合的倒 T 型和直角型等。这些设计都遵循着固定模式，除了植物材料、纹理和颜色的组合外，几乎没有允许创造的空间，只有一个焦点区域和一个辅助焦点。大多数情况下，最长的线材的长度是容器高度或直径的 1.5 倍，以较大的为准。此外，美国插花还使用额外的花材来加强线条感。例如，在构图主线条的焦点区域用大量花材来强化这种线条感。

美国花艺的体量设计模仿了欧洲的体量设计，使用了大量植物材料。这种类型的设计具有封闭的轮廓，构图为椭圆型、圆型、扇型或三角型，对称而平衡。与欧洲的设计相比，花材的布置不太紧凑，始终只有一个焦点区域。通过选择花材进行设计来实现焦点与非焦点区域的划分，这种设计可能只用一种或两种花，或者完全是叶片。

在 20 世纪 50 年代，一些花艺设计师越来越受到 20 世纪早期美国设计的规则和模式的限制，现在这些设计几乎是他们所依据的传统设计的代名词。虽然一群花艺设计师满足于保留时代设计，但其他人则向另一个方向分道扬镳。他们开始关注其他当代艺术形式，寻求新的想法和灵感。当他们探索其他艺术时，开始以新的眼光看待自己的作品。某些组合、固定模式和自然布置不再是强制要求。花艺设计师意识到插花是一种创造性的表达方式，也是一种真正的、不断发展的艺术形式，应该对其进行现代化改造，以便适应新的时代特征。他们用花材来表达一种感觉、营造气氛、创造想法，或捕捉主题的本质或内在含义。花艺师对抽象艺术着迷，并开始将抽象的绘画概念应用于花艺设计。花材通过修剪、捆扎、打圈、折叠、剥皮、弯曲或打结，设计成抽象的形式。设计涉及整个花艺作品中，而不是单个焦点区域。

美国国家花园俱乐部全国委员会是一个国际组织，成立于 1929 年，它将花艺设计分为传统设计和非传统设计。现代、当代、前卫或创意的设计被归为非传统设计。其中，创意设计对花艺师的限制越来越少，如果是为了展览而设计，只需遵循最基本的设计原则和花展日程即可，这种设计越来越受欢迎。

没有一个国家能垄断创意设计，每一种风格都有很多可供借鉴的地方，而且这些风格经常通过花艺设计学校和协会被其他国家的设计师所采用。随着现代通信技术和交通运输能力的发展，人们跨国交流越来越方便，世界各地的花艺设计师乐于分享他们对鲜花的喜爱和最新的花艺设计思想。

1.3 插花艺术分类

1.3.1 按艺术风格分类

(1) 东方式插花

东方式插花以中国插花和日本花道为代表。东方人非常喜爱和欣赏花草，佛教的修行让他们对生命产生了高度尊重，因此东方式插花设计以自然的方式使用尽可能少的花材来表达某种意境。篮花是唯一的例外，篮花里需要大量的植物材料，表现丰收、富饶、吉祥的含义。东方式插花构图通常是不对称的，大多数设计在花材的使用量上表现出典型的简约风格。整体的简洁和线条的美感是其突出的特点，特别强调主要线条之间的特定比例。花材的选择、线条的方向、角度都有微妙的含义，重写意，突出一种自然美感。

(2) 西方式插花

西方式插花是以美国、英国、法国、荷兰等欧美国家为代表的插花。花型端庄，用花量大，花材种类多，色彩华丽，构图多为规整的几何图形，对称均衡，强调整体艺术效果，视觉美感强。有图案之美，富有装饰性。西方插花艺术崇尚人类征服自然的威力，强调理性，宣扬自由，追求个性，喜欢开敞外露的艺术风格。

(3) 现代自由式插花

随着社会的发展，人们的交流更加便捷频繁，各种艺术形式不断涌现，东西方插花出现了相互渗透的局面，形成了现代自由式插花，它结合了东西方插花艺术的特点，既有优美的线条，也有明快艳丽的色彩和较为规整的图案，更融入了现代人追求变异、不受拘束的观念。现代自由式插花还受到了全球各种艺术流派特别是抽象派绘画和雕塑的影响，其理念较传统插花有了较大的突破，出现了大量自由式、抽象式、极简主义的作品。大型花艺景观作品也开始流行，彰显了当代人的审美观和对时尚的追求。

1.3.2 按目的用途分类

(1) 礼仪插花

礼仪插花主要指用于各种会议、婚礼、丧葬、迎宾、开业、开闭幕式、颁奖、探亲访友等庆典仪式和社交礼仪活动的插花。在礼仪插花的创作过程中，需要考虑尊重民族传统或地域习俗，了解一些用花的禁忌，以免造成误会（黎佩霞和范燕萍，2002）。

① 庆典插花 是用于各种庆典活动的插花，用来表达祝贺之意，起到烘托喜庆气氛的作用。常用花篮、花束、桌花等形式。如某商业大厦开业剪彩礼仪插花、婚礼新娘手捧花、嘉宾胸花均属于该范畴。

② 社交插花 是指社会交往中使用的插花。如拜访亲友、探望病人、赠送恋人等场合，主要起增进友谊、传递情感的作用，常用花篮、花束等形式。

③丧礼插花 主要用花圈、花篮和花束的形式。中国传统习俗通常用白色、黄色菊花为主花材，白色表达沉痛哀悼之情，黄菊花表高洁之意。随着中国进入老龄化社会，喜丧越来越多，红色也成为被接受的丧礼用花颜色，甚至像火鹤这类色彩造型都很夸张的花材都会被用于喜丧，还有丧者生前喜欢的花材在丧礼中也有选用（朱迎迎，2015）。

(2) 艺术插花

艺术插花是用于美化、装饰环境或陈设在各种展览会上供艺术欣赏的插花。艺术插花讲究花材线条流畅、造型设计优美、花艺技巧高超，强调作品的艺术性和意境美。

(3) 生活插花

用在日常生活、工作环境中的插花，形式比较简单随意，贴近生活，花材可以从花店购买，也可以是来自生活环境中的野花野草甚至蔬菜瓜果或人造花材，不如礼仪插花那样正式。

1.3.3 按插花容器分类

中式插花主要分为六大容器，瓶、盘、缸、碗、筒、篮。瓶花，是用陶瓷花瓶、玻璃花瓶等瓶器插花，一般用撒来固定；盘花，用浅盘型花器插花，因像盛放着的花一样，日本又称"盛花"；缸花，以各种缸为容器进行的插花，缸一般底小口大，有陶、瓷、搪瓷、玻璃等各种质料，底部平齐或带足，因缸形多矮壮、稳健，故常配以亮丽硕大的花材更显协调；碗花，是用碗器插花，宽口尖底，插花时于中心点出发进行插制；筒花，是用筒器插花，材质有竹筒、陶瓷筒等，有单隔和双隔之分；篮花，是用花篮插花，在花篮内置浅盘，方便盛水，然后将花插于浅盘里。除以上六种容器的插花外，还有用其他容器进行的插花，比如钵、鼎、觚等器皿以及新奇造型的容器进行插花。

1.3.4 按花材性质分类

(1) 鲜花插花

所用的花材来自活体植物上的材料，也就是新鲜的花、枝、叶、果等。这类作品最具自然花材之美，色彩艳丽，香气四溢，质地好，富含生命活力，具有强烈的艺术感染力，因而观赏价值高，应用范围最广，多用于高级会议或接待贵宾等。其弊端是保鲜期和观赏期较短，费用较高。

(2) 干花插花

从植物体上剪取下来的花材，经过脱水、干燥、漂白、上色而形成的材料叫作干花。用干花进行插花叫作干花插花，其优点是插花不受季节限制，造型制作、包装运输、日常维护等便捷，省时省工，作品观赏期长。干花插花在光线较暗处陈设，具有古朴典雅之美。其弊端是色泽、质感较差，强光长时间直射会褪色，也不耐潮湿，主要应用于冬季。

(3) 人造花插花

人造花插花所用花材是人工仿制的各种植物材料，包括绢花、塑料花、涤纶花等，有模仿自然花朵的，也有随意设计和着色的，种类繁多。这类花材具有较强的柔性，可以水洗后重复插制、长期使用，比鲜花插花和干花插花经济耐用，适合插花教学和长期摆放。但在正式场合不宜用人造花作花材，显得没有生机和活力，缺乏品位。

(4) 混合插花

用以上几种不同性质的花材搭配设计的插花叫作混合插花，如鲜花加干花、鲜花加人造花、干花加人造花或鲜花、干花及人造花三种材料并用。这类作品在制作时应尽量选择材料质感差异小的进行搭配。

1.3.5 按艺术表现手法分类

(1) 写实插花

写实性插花崇尚自然，以现实植物世界中具体的植物形态、自然美景特征进行艺术化塑造，其形式有以下三种：

①自然式　主要表现花材的自然形态特征，基本造型为直立型、倾斜型、水平型和下垂型。

②写景式　这是东方式插花所特有的技法，也叫盆景式插花，主要是将自然景色浓缩到盆中，表现出自然风光。

③象形式　通过模仿其他物品的形态来进行创作，多为各种动物，如孔雀、天鹅等（见数字资源图1-5）。

(2) 写意插花

借用花材属性和象征意义表现宇宙观、世界观、价值观或人生观的一种艺术插花创作形式。选材时要注意将植物的名字、色彩、形态及其象征寓意与作品的主题相联系。另外，在花器及其他配件的选择方面也要仔细考虑，才能恰如其分地表达主题。如我国传统插花中的宫廷插花，常用牡丹做主花，因为牡丹具有富贵的寓意，而用南天竹、梅花、苹果和爆竹来进行搭配，便构成了"竹报平安"的吉祥名字。根据花材的象征意义，将梅、兰、竹、菊插在一起，比喻为"四君子"；将松、竹、梅插在一起，称为"岁寒三友"。

(3) 抽象插花

抽象插花不考虑植物的自然生长规律，只把花材作为造型艺术中的点、线、面或色彩等因素来进行构图，以描述某种事物或表达某种思想。抽象手法又分为理性抽象和感性抽象两种。

①理性抽象插花　属于纯装饰性插花，不表达思想情感，通常用数学或几何的方法进行构图设计，强调理性和人工美感。如三角型、弯月型、L型、S型、倒T型等，具有一种对称、均衡的图案美，注重质感和色彩，也可由几个图案组合为一个混合图形。

②感性抽象插花　无特定的形式，也不受任何约束，任由作者发挥灵感，其随意性较大，变异性强，往往不易被人理解和产生共鸣。

1.4 插花艺术意义

1.4.1 文化意义

中华花文化源远流长,"待到重阳日,还来就菊花""出淤泥而不染,濯清涟而不妖""宝剑锋从磨砺出,梅花香自苦寒来",古代很多诗歌都赋予花卉独特的人文品格象征,意境深邃。插花艺术因其色、香、姿、韵的升华而成为人们的精神追求。人们视花为友,尊花为客,通过对花材的塑造来抒怀教化,象征美好寓意,以花传情,借景抒情,使中国传统插花表现出丰富的文化内涵和富有诗情画意的意境之美。因此,插花可以让人不断地提高自身文化艺术修养,品花思德、以花明志。插花艺术同时也是一门综合性的学科,除了上述的文化艺术修养外,还能增加人们在植物学、色彩学、造型艺术方面等方面的知识(王莲英,2012)。

1.4.2 经济意义

随着社会经济的不断发展,人们的生活水平及文化品位逐步提升,鲜花消费市场越来越大,花店在数量和规模上有了快速增长。同时,花店业也带动了花卉种植及相关产业的发展,经济效益显著。

1.4.3 社会意义

中国插花艺术是中国传统文化的重要组成部分之一,在改革开放40多年的伟大历程中得到大力宣扬,赢得了国民的喜爱和国家的支持。中国插花艺术于2008年被列入国家非物质文化遗产,开启了中国插花艺术发展的新征程,为中国现代花艺奠定了坚实的基础。中国插花艺术蕴含着中华民族的精神,呈现着独特的中国气质,向世界展示中华文化与花文化的魅力,对捍卫我国文化主权和话语权都具有重要意义(王莲英和秦魁杰,2019)。

思考题

1. 什么叫插花?插花有哪些主要特点?
2. 什么叫花艺设计?与插花有何异同?
3. 东方式插花的风格有什么特点?与西方式插花的风格有何异同?
4. 插花有哪些分类方式?

推荐阅读书目

1. 《插花清供》. 鄢敬新. 青岛出版社,2015.
2. 《中国传统插花艺术》. 王莲英,秦魁杰. 化学工业出版社,2019.

第2章 插花艺术基本知识

插花所用花材种类繁多，千姿百态，只有认识花材、了解其观赏特性，才能更好地表现它们。插花时所用的器具除了固定花材、给花材供水之外，也是插花作品构图中不可缺少的部分。插花者还需掌握花材的修剪、弯曲、固定等基本技能。花材、器具、插花的基本技能，这些都属于插花艺术的基本知识。

2.1 花材

插花所用的植物材料称为花材，包括植物的根、茎、叶、花、果、芽、枝等各个部分。插花不但需要了解花材的分类方法，识别常见花材，还需要学习新鲜花材的选购标准以及花材的保鲜方法，以延长花材观赏期。

2.1.1 花材分类

插花所用花材需要从植株体上进行切取，只是植物体上的一部分，故又称切花花材，简称切花。花材按形态特征可分为线状花材、团块状花材、特殊形状花材和散状花材；按切取的部分来分可以分为切花类、切叶类、切果类和切枝类。

2.1.1.1 按花材形态特征分类

（1）线状花材

线状花材是指外形呈线状或细长条状的花材。这类花材大致可分为三类：①以总状花序为代表的观花类花材，如唐菖蒲、蛇鞭菊、紫罗兰、金鱼草、大花飞燕草等（见数字资源图 2-1）；②观叶类花材，如黄剑叶、肾蕨、香蒲、新西兰叶、鸟巢蕨、钢草、小圆叶尤加利、菖蒲、散尾葵等（见数字资源图 2-2）；③观茎类花材，包括木本花材如红瑞木、龙柳、银芽柳等，草本花材木贼等（见数字资源图 2-3）。线状花材是构成花型轮廓和基本构架的主要花材，决定作品的比例和高度。

(2) 团块状花材

团块状花材是指外形较整齐、近似圆形的花材。这类花材大致可分为两类：①观花类花材，如香石竹、月季、非洲菊、菊花等（见数字资源图 2-4）；②观叶类花材，如八角金盘、龟背竹、绿萝、春羽、玉簪叶等（见数字资源图 2-5）。这类花材在作品中所用数量较多，往往构成插花作品的主体花材，插在骨架轴线的范围内完成造型。

(3) 特殊形状花材

特殊形状花材又称异形花材，是指外形不规整、形体较大、结构奇特、颜色艳丽的花材。这类花材往往在作品中所用数量较少，但足以引起观赏者的视线停留，适宜插在作品视觉中心处作焦点花。典型的特殊形状花材有鹤望兰、红掌、帝王花、针垫花、嘉兰、黄苞蝎尾蕉、姜荷花等（见数字资源图 2-6）。

(4) 散状花材

散状花材是指外形由小花或细碎枝叶构成星点蓬松轻盈状态的花材。这类花材花形细小，一茎多花，给人以娇小玲珑或梦幻的感觉，多插在大花之间，起烘托、陪衬和填充的作用，可以增加作品的层次感，起到结构过渡、缓和色彩冲突的作用。散状花材大致可分为两类：①观花类花材，如满天星、水晶草、勿忘我、情人草、黄莺、多头小菊、重瓣紫菀、澳洲蜡梅（见数字资源图 2-7）；②观叶类花材，如蓬莱松、天门冬、米仔兰、红花檵木等（见数字资源图 2-8）。

2.1.1.2 按切取部位分类

(1) 切花类

  月季 蔷薇科，商品名为玫瑰，花店、花市所售玫瑰实为现代杂交月季。严格来说，玫瑰与月季是两种植物。月季是世界性象征爱情的花卉，是情人节首选花材。目前市面上月季品种众多，有一茎一花的单头和一茎多花的多头之分，前者花头大，后者花头小（见数字资源图 2-9）。

  香石竹 石竹科，商品名为康乃馨。由英文名 carnation 音译而来，是世界性象征母爱的花卉，也是母亲节、教师节首选花材。品种众多，可分为一茎一花的单头香石竹，以及一茎多花的多头香石竹两大类（见数字资源图 2-10）。

  菊花 菊科，切花菊仅指菊属的多年生宿根草本植物。品种可分为一茎一花的单头菊花，以及一茎多花的多头小菊两大类（见数字资源图 2-11）。多头小菊商品名为雏菊，但并非同种植物（雏菊为雏菊属，花红色，花期春季，植株高约 10cm，因此未见切花品种）。菊花花期为农历九月，因"九"又与"久"同音，所以在我国传统花文化中，菊花象征长寿或长久。而如今，菊花成为祭奠之花，用来缅怀、祭奠逝者，实则是受到西方文化的影响。

非洲菊　菊科，商品名为扶郎花，寓意新娘扶助郎君，常用于婚礼和开业庆典花篮，原产非洲南部，品种众多（见数字资源图2-12）。需浅水养，勤换水，剪去茎秆末端，切忌向鲜花表面喷水，否则花心易发霉。

向日葵　菊科，因其花朵常朝向太阳而得名，象征光辉、敬慕，是父亲节花礼的首选，也适合在毕业季送恩师。向日葵花期夏季，花朵较大，也有适合中小型插花作品的迷你品种。叶易萎蔫，影响美观，宜去除。

乒乓菊　菊科，因其外形像乒乓球而得名，保鲜时期较长。在不同花色的乒乓菊花上，点缀眼睛、嘴巴、耳朵等装饰物，即可创作憨态可掬的动物或卡通人物形象，是少儿花艺作品最常用的花材。

刺红花　菊科，商品名为橙菠萝。花橙红色，叶的先端有刺，使用时要注意。

麦秆菊　菊科，花干后不凋落，花色鲜艳，如蜡制成，是天然干花的优良花材。

金槌花　菊科，商品名为黄金球。花序球形，金黄色，花形花色均酷似乒乓菊，区别是本种花型小，且茎坚挺，是天然干花的优良花材。

重瓣紫菀　菊科，商品名为重瓣孔雀草，但并非同种植物。紫菀花紫色，而孔雀草花橙色，受花枝短这一特性限制，未见其作为切花的商业应用。

短舌匹菊　菊科，商品名为洋甘菊。中心管状花为黄色，周边舌状花为白色，是原产英国的芳香植物。

黄莺　菊科，加拿大一枝黄花的栽培品种。观花苞，数量众多，头状花序排列成圆锥状花序。本种是恶性杂草，属于外来入侵植物，区别于乡土植物一枝黄花。

唐菖蒲　鸢尾科，商品名为剑兰，因叶剑形而得名。唐菖蒲为球根植物，花朵由下至上开放寓意步步高升，适合插制开业庆典花篮。

百合　百合科，主要有东方百合、亚洲百合、铁炮百合三类（见数字资源图2-13），其中东方百合花朵大型、多有香味，而为人们所青睐，市场价位最高。近年来有重瓣品种问世，如'莲花之境'等（见数字资源图2-13）。插花时可用镊子去除花药，避免花粉污染花被片和衣物。百合象征圣洁，又因"百年好合"的联想意义，深受人们的喜爱，常用于婚礼花艺。

郁金香　百合科。花单朵顶生，高脚杯花型。郁金香原产土耳其，而非荷兰。

嘉兰　秋水仙科，商品名为火焰百合。花被片条状披针形，反折向上，边缘皱波状，上半部亮红色，下半部黄色，花色似火焰因而得名。

白花虎眼万年青　天门冬科，商品名为伯利恒之星。切花寿命长，雌蕊黑褐色，光亮。总状花序呈圆锥形排列，上部常弯曲，形似天鹅头造型，故而又名天鹅绒。因其花序形状像犹太教的六芒星，皎洁的花朵醒目耀眼，像是夜空中最闪亮的星，所以叫作伯利恒之星，与圣诞树顶端的星星同名。

虎眼万年青　天门冬科，商品名为圣心百合、鸟乳花。总状花序，花数多，约30朵小花，因此可以持续开花2个月。花被片白色或橙色，基部有深色晕。为球根花卉，鳞茎上新长出的子鳞茎形似虎眼，故而得名虎眼万年青。

萱草　阿福花科。花期夏季，花橘黄色，早上开花晚上凋谢。萱草又称忘忧草，还是中国传统的"母亲之花"。

石竹梅 石竹科。为石竹与须苞石竹的杂交种，形态介于二者之间，花苞片先端须状。

相思梅 石竹科，又名日本石竹，顾名思义表达相思之情。和石竹梅易混淆，但本种茎秆坚挺，叶较短，花密集，花色丰富，有复色品种，常混色出售。

石竹球 石竹科，商品名为绿毛球。观绿色花萼，无花瓣。

圆锥石头花 石竹科，商品名为满天星。花小，白色，市售彩色满天星，是经过茎秆吸色处理所致。满天星枝细，易在节处折断，切忌拉扯。

绣球花 绣球花科，又名八仙花、紫阳花。有单瓣和重瓣品种。易失水萎蔫，切勿离水，可去叶降低蒸腾作用，或萎蔫后采用深水浸泡法急救。

芍药 芍药科，花与牡丹相似，主要区别在于芍药为草本，牡丹为木本。芍药在中国古代表达离别、思念之情，又称将离、离草。

红掌 天南星科，又名火鹤、花烛、安祖花。肉穗花序直立，外有佛焰苞片，光泽、艳丽。颜色丰富的佛焰苞是其重要的观赏部位，有红色、粉红色、绿色等。

马蹄莲 天南星科。叶片箭形，佛焰苞卷曲状，洁白无瑕，肉穗花序金黄色，直立于佛焰苞中央。

草原龙胆 龙胆科，商品名为洋桔梗、土耳其桔梗。一枝多花，有花苞，叶对生，无柄，蓝绿色，茎脆易断，勿弯曲。由于草原龙胆花型似玫瑰，但无刺，被誉为"无刺玫瑰"。

鹤望兰 鹤望兰科，商品名为天堂鸟。花形似鸟首，由2~3朵小花组成，苞片橙色，花瓣蓝紫色，外有一舟形总苞，即佛焰苞。鹤望兰寓意丰富，也可以适用于众多场合，如在日常探亲访友、开业庆典中鹤望兰有大鹏展翅、展翅高飞的意思；在新人结婚的时候，双数插作寓意比翼双飞；在老人过寿的时候，寓意松鹤延年；在老人百年去世的时候，才叫"天堂鸟"，寓意天堂极乐。

黄苞蝎尾蕉 蝎尾蕉科，又名黄丽鸟蕉，商品名为小鸟。苞片鲜黄色，似鸟喙。

睡莲 睡莲科，水生花卉。瓶插寿命短，由于茎本身构造为多孔性的通气组织，如长时间离水，则花茎中的水会大量流失，使花茎丧失吸水性。可采取水中剪切法、深水养护法或倒淋法克服这一缺陷。

紫罗兰 十字花科，花期春季，总状花序，香气浓郁。

金鱼草 车前科，商品名为龙头花。总状花序顶生，有向光生长习性，极易弯曲，应注意调整花枝方向。

穗花婆婆纳 车前科，又名穗花，商品名为鼠尾，并非鼠尾草。主要有蓝紫色、白色、粉红色等花色，花序长穗状，像在风中摇曳的蜡烛灯光，在欧美也被称作皇家蜡烛。

花毛茛 毛茛科，商品名为洋牡丹、陆莲花。花形似牡丹，但花径较小，叶似芹菜，故又称芹菜花。

大花飞燕草 毛茛科，总状花序，花排列整齐，花形别致，有距，酷似燕子故名之，植株高度可达180cm。

飞燕草　毛茛科，又名小飞燕草、千鸟草。花小，有距，排列松散，犹如千鸟飞翔，故而得名。

六出花　六出花科，商品名为水仙百合、秘鲁百合。花被片橙黄色、水红色等，内轮花被片上有紫色或红色条纹及斑点。

叶上黄金　大戟科，又名泽漆。聚伞花序，伞梗5，伞梗基部具5片轮生叶状苞片，与下部叶同形而较大，是其主要观赏部位。全株含乳汁，在操作中应避免折断或揉碎花枝叶，否则溢出的白色乳汁中的毒素成分会对人体造成损伤。

银边翠　大戟科，又名叶上花、高山积雪。顶部叶片呈银白色，与下部绿叶相映，中间有银边叶色过渡，犹如青山覆雪。汁液有毒，使用时应注意。

茴香　伞形科，花期夏季，复伞形花序，花小黄色，全株具特殊香辛味，表面有白粉。

高山刺芹　伞形科，分布于欧洲阿尔卑斯山脉和巴尔干山脉的西北部，是一种典型的干旱植物。伞状花序密集，花蓝色至白色，基部苞叶白色到蓝紫色，带有金属光泽。

翠珠花　五加科，伞形花序，有浅紫、白等颜色，花茎自然弯曲，不整齐，原产澳大利亚。

帝王花　山龙眼科，是南非共和国的国花。为木本花材，观赏苞片为主，花朵硕大、花形奇特、高贵优雅，且花期长，可制干花，因此在众多花材中价位最高。

木百合　山龙眼科，又名非洲郁金香。观赏苞片，叶片革质，不蔫不腐，耐瓶插，原产澳大利亚。

澳洲蜡梅　桃金娘科，商品名为蜡花、淘金彩梅，有时称为蜡梅，但与蜡梅并非同种，相去甚远，本种原产澳大利亚。叶似松针，盛花期冬季，花瓣蜡质有光泽，瓶插期长。

金袋鼠爪　血皮草科。管状花，花先端有裂，被绒毛，酷似袋鼠爪而得名，原产澳大利亚。

文心兰　兰科，商品名为舞女兰、跳舞兰，因花似穿着黄色长裙翩翩起舞的少女而得名。花期长，从第一朵花开至最后一朵花持续两个多月时间。

蝴蝶兰　兰科。2枚侧瓣大而圆，因花酷似在绿色叶丛中翩跹起舞的蝴蝶而得名，又因花姿优美，颜色鲜艳被誉为"兰中皇后"，切花瓶插寿命长达一个月。

石斛　兰科，商品名为洋兰，是以偏概全的误称。洋兰原指国人对蝴蝶兰、文心兰、卡特兰、石斛兰等众多热带兰花的统称。石斛分为春石斛（温带型落叶种）和秋石斛（热带型常绿种）两大类，切花石斛为秋石斛。由于秋石斛的花朵不易凋谢，适合胸花、头花等人体花饰。

美花补血草　白花丹科，商品名为勿忘我。花萼膜质，有深紫色、浅紫色、黄色、白色等颜色，是天然干花花材。

阔叶补血草　白花丹科，商品名为情人草。花微小，色淡，粉紫色，是天然干花花材。

二色补血草　白花丹科，商品名为水晶草，是天然干花花材。有黄色、红色两种颜色，而蓝色、橙色等花色经人工染色得到。

风铃草　桔梗科。花朵钟状似风铃，花冠紫色、蓝紫色或蓝色。

贝壳花　唇形科。轮伞花序，观圆锥状花萼，绿色，花冠唇形，白色。

红藜　苋科，商品名为柔丽丝。果实穗状下垂，长可达1m，有红、橙红、紫红等颜色。

火星花　鸢尾科，又名雄黄兰，商品名为火焰兰，但与火焰兰并非同种植物。花期夏季，花橙红色，叶剑形。

紫盆花　忍冬科，又称松虫草、蓝盆花、轮锋菊，原产南欧地区。花色丰富，常见蓝紫色花，头状花序扁球形。

喷雪花　蔷薇科，早春开花，因花白繁密如雪，故得此名。又因其叶形似柳叶，花白如雪，又称雪柳。

(2) 切叶类

桉树叶　桃金娘科，商品名为尤加利叶，由桉树的英文名 eucalyptus 音译而来，原产澳大利亚。叶形丰富，有小圆叶、大圆叶、三角叶、长细叶及短细叶等多类品种，略带樟脑味(见数字资源图2-14)。花市上被称为"尤加利果"的材料，在水养后开花，实为该植物的花苞。

香蒲　香蒲科，商品名为水蜡烛、蒲棒。为水生花卉，雌雄花序紧密连接，似蜡烛。叶条形，横切面呈半圆形，适合编织。

散尾葵　棕榈科，叶大型，具有优美弧线，羽状全裂，裂片条状披针形，光滑亮泽，叶经修剪或编织造型丰富。

黄剑叶　棕榈科，又称椰芯叶，是椰子树所发出没有展开的叶片。叶黄绿色，修长、似宝剑，故名黄剑叶，可做卷曲、编织等丰富造型。

蓬莱松　天门冬科，茎木质化，粗壮遒劲，小枝纤细；叶呈短松针状，簇生成团，似五针松叶。

天门冬　天门冬科，商品名为武竹。攀缘植物，观叶状枝，每3枚成簇，鳞片状叶基部延伸为长约3mm的硬刺。

金心香龙血树　天门冬科，商品名为金心巴西铁。条状叶，叶片中央有一金黄色宽条纹，两边绿色，适于卷曲造型。

银叶菊　菊科，别名雪叶菊。植株多分枝，高度在50~80cm；叶一至二回羽状分裂，正反面均被银白色柔毛。

高山羊齿　骨碎补科，蕨类植物，商品名为芒叶。叶片三角形，三回羽状分裂。

肾蕨　肾蕨科，蕨类植物，商品名为排草、蜈蚣草。叶片线状披针形，一回羽状分裂。

非洲大熊草　阿福花科，商品名为钢草。由于其叶子纤细而又很有韧性，似钢丝而得名。

清香木　漆树科，偶数羽状复叶互生，小叶革质，叶轴具狭翅，叶可提芳香油。

仙羽蔓绿绒　天南星科，商品名为小天使。叶形奇特，羽状裂，似天使翅膀，故而得名。

羽衣甘蓝　十字花科，商品名为叶牡丹。以观叶为主，叶色丰富多彩，叶片边缘有羽状深裂，层次分明形如华丽的裙摆，似牡丹花，华贵美丽，性耐寒。

(3) 切果类

红果金丝桃 金丝桃科，商品名为火龙珠、相思豆、红豆，有红色、粉红色、绿色、白色等4种颜色。果实夏季成熟，观赏价值高，且瓶插寿命长，但叶片和苞片易发黑，长时间观赏时建议去除。

乳茄 茄科，又名五指茄。果形奇特，倒梨状，具5个乳头状凸起，黄色，观果期长，是春节插花装饰的重要观果类花材。

唐棉 夹竹桃科，又名钉头果、气球果。果如膨胀的气球，中空，无果肉，果皮密布刚毛或棘刺；叶线形似柳叶。

星花轮锋菊 忍冬科，商品名为风车果。纸质苞片质地干燥，是天然干花的优良花材。

蒴藋 十字花科，商品名为翠扇，全株绿色，总状花序顶生，短角果倒卵形。

(4) 切枝类

龙柳 杨柳科，因枝条态势蜿蜒如龙而得此名，水培易生根。

银芽柳 杨柳科，花芽外密被银白色绢毛。观赏其带花芽的枝条，是中国民间冬季传统的插花花材。不需特别保养，切枝建议干插，因水养会促使花芽绽放，缩短观赏时间。

红瑞木 山茱萸科，落叶后枝干红艳如珊瑚，是良好的切枝材料。

木贼 木贼科，蕨类植物，高达1m。地上茎仅基部有分枝，茎中空圆形，浅绿色，有细纵沟，节间长，每节有退化的鳞片叶。

2.1.2 花材采集与选购

2.1.2.1 花材采集

明代张谦德（1577—1643年）在《瓶花谱》中对鲜花采集地点、时间、开放状态给出建议："折取花枝，须得家园邻圃，侵晨带露，择其半开者折供，则香色数日不减。若日高露晞折得者，不特香不全色不鲜，且一两日即萎落矣。"采集时间对花材的新鲜度和寿命都有影响，一天之中清晨采摘带着晨露的鲜花效果最佳，其次是傍晚，这时采集花材，花材体内含水量高，气温较低，水分蒸腾作用微弱，采集后的花材不易失水，可以保存更长时间。而正午蒸腾作用强，水分蒸发快，花木已被晒得疲萎不堪，采后容易萎凋。如果迫不得已须在中午剪采花枝的，宜立即插入水中。

2.1.2.2 花材选购

在花市选购花材时应通过观察茎部、花、叶来整体判断花材的新鲜程度。

(1) 观察茎部

花茎较粗、较长，挺拔有力者品质较好；切口整齐、干净、颜色正常、无腐败变色现象品质较好。如茎端下部呈黏滑状，甚至已有臭味，则表示浸水时间已久，不新鲜。

月季等花材在运输过程中用瓦楞纸包扎，花头在网套中，不便于观察花、叶状态，因此观察茎部尤其是茎部末端切口是非常有用的方法。

(2) 观察花朵

如《瓶花谱》所述"择其半开者折供"，花朵则应选半开者，可用手轻按花蕾基部，富有弹性者易开花。半开状态具体指团块状花材外围 1/3 花瓣绽放；线状花材花序下部 1/3 花朵初开，上部的花朵含苞待放。如果花瓣上有散落的花粉，证明此花即将凋零。

部分新鲜月季花最外层的花瓣，其颜色、硬度和质感均介于花朵和叶片颜色之间，是月季的保护瓣（见数字资源图 2-15）。月季保护瓣明显破坏花朵的娇艳之美，呈现出衰败破损感，因此花束等礼仪插花作品可根据需要在插制作品前去除保护瓣。但一般不建议去除月季保护瓣，尤其是在炎热的夏季，如果摘掉外瓣，花朵就会出现伤口，加速凋谢。另外，由于保护瓣颜色介于花叶之间，所以在艺术插花作品中，保留外瓣可以增加花色层次，欣赏花色渐变美感。

勿忘我、情人草、水晶草等花材为白花丹科补血草属植物，是常用的散状花材。该类植物的花萼管状，干膜质，色彩持久，是天然干花的优良花材。因此在做干花用途时，其观赏部位为花萼，而新鲜的花材在花萼内部盛开小花，具花瓣结构，是判断该类花材新鲜程度的重要标准（见数字资源图 2-16）。

(3) 观察叶片

叶片翠绿、挺拔、有光泽为好，无病虫害，无伤口，无损伤，无滑腻感，无臭味。

2.1.3 花材保鲜

切花花材离开母体后，打破了根系吸水与水分蒸发之间的水分平衡，又失去了营养物质的来源，切花难以维持生机，势必凋谢枯萎。如果处理不当，容易导致花朵下垂、变色、凋萎、腐烂等，不仅失去观赏价值，甚至发霉发臭有碍观瞻。

2.1.3.1 花材过早萎蔫的原因

(1) 失水

失水即水分供应不足，这是花材早萎的首要原因。当鲜切花的含水量很高时，组织维持坚挺脆嫩的状态，呈现出光泽并具有弹性，而这只有在吸水速度大于蒸腾速度时才能获得。如果水分不足，细胞膨压降低，组织萎蔫、皱缩，失去光泽和弹性，从而失去新鲜状态。导管堵塞也会导致吸水减少，最终引起缺水而造成切花凋萎衰老，具体包括以下几个方面：其一，空气进入导管，气泡阻碍吸水；其二，对于八仙花等乳汁较多的植物，乳汁堵塞导管，阻碍吸水；其三，真菌、细菌等微生物感染使切口腐烂，丧失吸水能力。

(2) 温度影响

温度过高加速切花早衰，故夏季的切花瓶插寿命显著短于冬季。原产温带、亚热带的切花如月季、菊花、香石竹、唐菖蒲等，适宜 0~4℃ 储藏；而原产热带、南亚热带的切花如红掌、蝴蝶兰等，适宜 5~15℃ 储藏，过低的温度会对这些切花造成冷害。

(3) 产生乙烯

乙烯是一种内源激素，促进切花衰老。植物的衰老器官是乙烯产生的主要器官，如衰老的花、叶片，应及时摘除残花败叶。受伤或病菌感染也会产生乙烯，因此应尽量避免切花染病或机械损伤。金鱼草、六出花、飞燕草、紫罗兰、香石竹、百合、非洲菊等乙烯敏感型切花不宜与成熟水果如香蕉、苹果、杧果放置在一起，因为成熟水果会释放乙烯，加速花卉凋谢。乙烯的形成还与温度、空气含氧量有关，低温、低氧水平都能抑制乙烯的形成。在低于4℃的温度环境中，乙烯释放量较少，可以有效延缓乙烯敏感型切花的花期。

(4) 缺乏营养

由于离开母体的切花所带绿叶较少，且离体后各种因素都不利于光合作用正常进行，因此切花缺乏生命活动必需的能源——糖，影响正常代谢而使切花寿命缩短、花色暗沉。

2.1.3.2 花材保鲜方法

(1) 减少水分损失

①及时插入水中　除红掌、石斛等花材运输过程中茎基部带有保鲜管以外，大多数花材均脱水运输，因此从购回花材的那一刻起就应该进行保鲜处理，最简易的方法是及时剪枝，将花材放进水中浸泡吸水，该操作也称"醒花"。插花用水也是花材保养的重要因素，城市自来水宜贮存一昼夜后再用。夏季高温导致叶片和草本花卉茎干易腐烂，宜将浸水处的茎基部叶片摘除，浅水插养大多数草本花卉。

②湿棉包扎茎基部　在制作花束时，为了让花材不脱水，需要用湿保水棉包裹花材茎基部，外部再用玻璃纸包裹，既减轻了重量，又可避免水分滴漏，方便顾客携带。夏季花束常常因为高温而萎蔫，因此在外包裹铝箔纸，让花束握柄处于恒温状态，避免环境温度或手心温度过高致其脱水。

③喷水　使用喷雾器喷水减缓水分流失，尤其是北方地区冬季室内环境较干燥，花比叶片更容易失去水分，所以要时常喷雾，保持植株及空气中的湿度，南方雨季不建议用此法。

④避免风吹、日晒、烟熏　插花作品应摆放在无风但空气流通、有散射光照射的地方。罗虬在其著名的《花九锡》写道"重顶帷"，可见唐朝在插制牡丹时已关注避免风吹、日晒等事宜。袁宏道《瓶史》亦云："花下不宜焚香"，因烟熏火燎导致空气燥热，花材容易干枯，并且燃烧时释放的有害气体还会加速花材的衰老，缩短观赏期。

(2) 恢复和增强花材吸水能力

①扩大切口面积法　此法应用广泛，扩大花枝切口吸收水分的面积，有利于水分的供输。扩大吸水面的方法有三种：第一种方法最为常用，即将花枝基部切成斜面，称为斜切法；第二种方法是用刀或剪刀将花枝基部剖开，根据花枝粗度和吸水能力使之呈"一"字、"十"字、"井"字、"米"字，可嵌入木片撑开裂口；第三种方法是末端击碎法，即用重物将花枝末端约3cm击裂。因木本切花茎质坚硬，不易吸水，用第三种方法处理

效果更佳，如桃花、丁香、玉兰、海棠等都可采用此法。

②水中剪切法　除具有乳汁及多浆的鲜切花外，其他花卉均适用。采集花卉时，将花枝稍留长一些，及时把花枝放入水中再剪去 2~3cm。如果是从市场上购买来的切花，要视具体情况予以处理：若花材失水，应结合深水醒花处理，加以水中剪切；若花材已呈萎蔫状，可在水中连续剪 2~3 次；若是微生物作用破坏了花茎，则要去除烂腐的茎叶，再做水中剪切。水中剪切的作用，一是剪去在采运过程中导管已吸入空气的茎段，并使重新剪切的切口与空气隔绝，避免空气进入切口部位的导管，保证导管吸水通畅；二是剪去被污染的切口（黎佩霞，2002）。需要注意的是，剪完之后不要立刻把茎从水中取出来。

③深水养护法　鲜花如果水分不足，出现垂头萎蔫或脱水干枯现象，可将花梗末端放在水中剪去少许，再把花枝全部浸在清水里。浸水深度刚好浸没除花头以外的其他部分，利用深水压使水进入导管内，可使花在 1h 内吸水恢复，花头、枝叶挺立舒展。深水养护法对草本和木本花卉都适宜，一般而言，木本花卉的醒花时间较长，恢复的比例较低。绣球花、荷花、睡莲易脱水，日常也需深水养护。

④倒淋法　利用重力将水强行注入输水导管。此法特别适于叶材和月季。将花头朝下、茎基部朝上，倒提花材用水反复冲淋几次，经过 1h 左右，可使刚萎蔫的花材复苏。

⑤注水法　有些切花的茎中空或疏松多孔，如荷花、睡莲、马蹄莲等，如果单纯依靠茎秆末端吸收水分满足不了其需要，插花时容易出现垂头萎蔫的症状。可以倒提花材，用注水器把水注入茎的孔内，直至水流出为止，以排除其内的空气，并用棉球将其孔塞住，就能起到一定的保水作用。注水动作应慢，以免涨裂茎部组织。

(3) 防止切口感染和促进吸水

①切口灼烧法　有的木本花材如八仙花含乳汁较多，当剪断其茎后，切口处会有乳汁流出堵塞导管，并且乳汁流出过多会造成花枝萎谢。操作方法是用火烧灸花茎基部切口，直至变色发红，立即转入乙醇溶液，而后浸入冷水中。切口灼烧法既可灭菌消毒，又可防止乳汁导管堵塞，从而利于吸水，但要注意保护好花头和花茎其他部分。

②切口浸烫法　原理同切口灼烧法，此法适用于含乳汁、吸水性较差的草本花材。操作方法是将花茎基部 3cm 浸泡在开水中 3min，直至发白时取出立即浸入冷水中。切口浸烫法既可灭菌消毒，又利用高温把导管内的空气和乳汁排出，以促进吸水。操作时，需用冷水浸湿的毛巾包裹花茎中部以上，以免热蒸汽伤害花、叶（黎佩霞，2002）。

③切口化学处理法　用食盐、食醋、酒精、辣椒油等化学药物对花茎切口进行处理，以杀灭切口的微生物，促进吸水。

(4) 应用切花保鲜剂

保鲜剂的成分常因切花种类不同而有较大差异。从其成分来看，保鲜剂都是由水、碳水化合物、杀菌剂、乙烯合成抑制剂和颉颃剂、植物生长调节剂、有机酸、无机盐、表面活性剂等组成。某一成分对一种切花有益，对另一种切花可能完全无效。因此，并不是任何一种保鲜液都必须含有以上这些成分。保鲜液最基本的成分应包含水、糖和杀菌剂，此外根据切花种类再适当加入 1~2 种其他成分即可。

除此之外，还有许多因素影响切花保鲜效果。如使用锋利的花艺刀修剪花枝，更能延长切花瓶插寿命，因为使用枝剪、花剪会对花材茎秆造成压迫变形，而花艺刀不会，且切口光滑不易滋生细菌。另需注意，要在花材枝节的上方或者在枝节的中部剪枝，因为如果切口的位置在枝节的正下方，会影响枝干吸收水分。

2.2 插花器具

2.2.1 花器

插花时所用的器皿称为花器，不仅能盛养鲜花，还独具艺术美感，对环境起到不可或缺的装饰和美化作用。

2.2.1.1 花器的作用

我国古代把插花用的容器称为"金屋""精舍"，犹如人们居住的房屋一样重要，以此强调容器对插花的陪衬作用。明代袁宏道（1568—1610年）所著《瓶史》中写道："养花瓶亦须精良。譬如玉环、飞燕，不可置之茅茨；又如嵇、阮、贺、李，不可请之酒食店中。"瓶花首重花瓶之选择，有好花而无好的花瓶，正如将杨玉环、赵飞燕两位绝世美女置之破败的茅草屋中，又如将嵇康、阮籍、贺知章、李白四位才情横溢的诗人请之酒食店中一般，使雅趣顿失，诗情尽丧。

《瓶史》还提到："尝闻古铜器入土年久，受土气深，用以养花，花色鲜明如枝头，开速而谢迟，就瓶结实。"用深埋地下的古铜器插花，可使花色鲜艳并延长花期，甚至花朵谢后还能就瓶结果实。这是因为铜器在深土中受潮气影响，表面产生铜绿，其主要成分是碱性碳酸铜，具有杀菌作用，可以净化瓶水，所以用年久的古铜器插花起到对花材保鲜的作用。

对于花器的选择及品评，是以铜、瓷（古代俗称"磁"）为代表的中华文化的主流品位为基准。明代张谦德所著《瓶花谱》的首篇"品瓶"中对选择花器做了陈述："凡插贮花，先须择瓶：春、冬用铜，秋、夏用磁，因乎时也。堂厦宜大，书室宜小，因乎地也。贵磁、铜，贱金、银，尚清雅也。忌有环，忌成对，像神祠也。口欲小而足欲厚，取其安稳而不泄气也。"对铜及瓷质器物的外观、功能，甚至尺寸都有详细记述。李渔在《闲情偶记》中写道："瓶以磁者为佳，养花之水清而难浊，且无铜腥气也。然铜者有时而贵，以冬月生冰，磁者易裂，偶尔失防，遂成弃物，故当以铜者代之。"可见，春冬用铜，秋夏用瓷，原因在于春冬两季气温寒冷，用铜器防冻裂；秋夏两季气温较高，用瓷器防腐蚀。另外，春冬气候阴冷，适合以庄重的铜器插花，而秋夏气候明快，则适合以清亮明快的瓷器插作（黄永川，2020）。

由此可见，自古以来花器对插花而言是十分重要的。尤其是在传统东方式插花艺术中，花器更是插花艺术作品构图中不可缺少的一部分，中国传统插花艺术讲究"花型、花器、底座"三位一体的整体艺术效果。插花比赛中，花器也占有一定的比分，要求器皿作为整个作品的有机组成部分，能与花材取得协调和谐的效果。但在现代自由式插花中，有时会使用一些外形特殊的异形花器，起到创新花型的作用；而有时候不使用花器，而是借用架构支撑花材和造型。

传统插花的器皿源于古代的食器、水器和酒器，如生活中常用的青铜尊、红釉洗、铜壶，以及陶瓷釉罐等。而后发展为专为陈设欣赏或插花所用的器皿，例如，北宋白瓷莲花瓶、明代七孔花插、清代五孔扁瓶等。这些花器即便未插花，也是可以独立欣赏的精美艺术品，尤其是皇家御用花器，可谓精妙绝伦，数字资源图2-17~数字资源图2-24为故宫博物院展出的明清时期宫廷用各式花瓶及花插。

2.2.1.2 花器的种类

(1) 按花器的材质分类

传统花器的材质以陶瓷为主，还有青铜器、木器、竹器等，花器的造型比较严谨，精于做工。现代花器的材质还包括玻璃、塑料等。

(2) 按花器的形状分类

①瓶　花瓶具有狭口高身的特点，适宜东方式插花，瓶插有利于盛水养护花材。另外，瓶取其谐音象征平安吉祥意涵，故而使用广泛。

②盘　具有敞口浅盘的特点，可用剑山和花泥来固定花材。器身深度不可过浅，所以不用山水盆景用的浅盆，因盆沿过浅注水不能淹没剑山，使花材吸水不足，导致早萎。盘花后来发展为盆花，容器口大，开阔，比盘稍深，可插制较多花材。

③缸　介于瓶、盘之间的大型器皿，宽口、型阔、底稍窄。缸的造型敦实，讲究块体，可以插制数量较多的花材，尤其适合插制花形硕大的花材，如牡丹。

④碗　宽口而尖底如饮食中的碗，钵、杯、盂、笔洗等都可归入碗一类花器。

⑤筒　以竹筒为花器插花，有单隔筒、双隔筒、多隔筒等。筒中之横隔可盛水插花，取竹节与节间凿洞插花。

⑥篮　由竹、藤、柳、草编制而成，形态丰富。为了插花水养持久，西式或现代花篮常常在插作前垫上玻璃纸以防花泥漏水、掉屑。而东方篮花则需根据篮体挑选大小匹配的黑色水盘置于篮中，方可安置剑山注水插花。

⑦其他　一是异形类，这类花器不受瓶盘形状影响，造型奇特。一些抽象的造型作品则选用或自创异形花器。二是代用品类，比如日常生活品如碟、笔筒、酒瓶、烟灰缸等。

2.2.1.3 花器的选择

插花时必须把花器视为作品的一部分来考虑整体效果。插花的花器不一定很名贵，但要搭配得宜。花器选配主要根据环境、使用的花材、表达的意境以及构图的需要等因素而定。

①注意花器和环境的配合　中式摆设的环境宜选用传统的瓶、盘、缸、碗、竹筒、篮等中式花器(图2-1~图2-6)来插东方式花型；西方摆设的环境选用西式花器(图2-7~图2-10)，插制西方式或现代花型。

②注意花器与花材的搭配　用花量较多的大型作品要选用有一定重量和体形的花

器，花器的形态、质感、色泽也要与花材相配。一般来说，外形简洁的花器，以及中性色彩的花器如黑色、灰色、白色、米色、暗绿色、紫砂原色等，对花材的适应性较广，使用较普遍。初学者应避免使用透明玻璃花器或图案繁复的花器，因透明花器很难掩饰花茎基部，而图案繁复花器会喧宾夺主（黎佩霞，2002）。

图 2-1 瓶　　图 2-2 盘　　图 2-3 缸　　图 2-4 碗　　图 2-5 筒　　图 2-6 篮

图 2-7 欧式花瓶　　图 2-8 三节管花器　　图 2-9 罗马花盆　　图 2-10 高脚花瓮

2.2.2 固定花材的用具

东方插花和西方插花的基本固定方法有所不同，东方插花的基本固定用具是剑山，而西方的是花泥。

2.2.2.1 剑山

剑山又名花插，后者为中国传统称呼。清代沈复（1763—1832 年）自创了最早的花插，见《浮生六记》"若盆碗盘洗，用漂青、松香、榆皮、面和油，先熬以稻灰，收成胶，以铜片按钉向上，将膏火化，粘铜片于盘碗盆洗中。俟冷，将花用铁丝扎把，插于钉上"。

剑山由许多铜针固定在锡座或铅座上铸成，有一定重量以保持稳定，花茎可直接在针上或插入针间缝隙加以定位（图 2-11）。剑山在水中不会生锈，使用寿命较长，是盘、碗等花器插花必备的用具。剑山的作用是通过密布的剑钉使花枝能快速地插入直立，并且由高密度的基座使整个插花造型保持低位重心，从而维持整体稳定性。同时剑山小巧，有如隐形，从而突出花材部分的主题。剑山的形状有圆形、长方形、扇形、杏叶形、日月形等。剑山可分为丸式和日式两类，丸式剑山的针加高、更密、底加重，因此承重能力强，插花更稳固，被中华花艺和池坊流广泛使用；日式剑山针的密度比较稀松，因小原

图 2-11 剑山

流的花器较矮而便于使用。市面上还可见黑剑山，因其外有黑色涂层，适合放置于黑色花器中使用。

插花前先将剑山放于花器中，注意加水至没过剑山的针尖，然后将花枝插在剑山上，花枝便能吸水了，过几日水位下降后再向花器中加水。由于花枝直接吸水，比插在花泥中吸水更为充分，从而延长花枝保鲜时间。

2.2.2.2 花泥

花泥又名花泉，是西方插花常用的固定材料，也可保水。1954年，美国人史密夫·奥赛斯发明花泥。花泥由酚醛塑料发泡制成，可随意切割，吸水性强，干时很轻，吸水后重量约自身的等体积注满水重量，有一定的支撑强度，花茎插入即可定位，便于造型，因此备受插花初学者青睐。西式插花强调几何图形的轮廓清晰，花材需从花器口水平外伸，只有使用花泥才能达到。但花泥是一次性固定工具，插后的孔洞不能复原，无法重复使用。通体透明或制作精细的玻璃花器不宜使用花泥，会影响观感。

专业的花泥有很多种形状，如常见的砖形，以及心形、圆柱形、圆球形、圆锥形、圆环形、十字形等，婚礼花车常使用吸盘加塑网系列花泥(图2-12)。花泥可分为湿花泥和干花泥，前者为绿色，用于插鲜切花；后者为灰色，用于插干花和仿真花用，不用泡水。此外，还有干湿两用的彩色花泥，色彩鲜艳，可保持长时间不褪色，可放置于透明玻璃容器中参与构图。

图2-12 花泥

有的花泥与保鲜剂结合，使花泥本身带有保鲜功能，以延长鲜花存活时间。不同花泥的密度即软硬度有所区别，硬度较高的花泥品质更佳。这是因为硬度高的花泥能对花材起到较强的支撑作用，而硬度不足的花泥则会使较粗重的花材倒伏，在插制大型作品时尤为突出。大多数花泥能在2min内完成吸水，但在保水性方面却难以同步，优质花泥可保证一周内不会脱水，而品质较差的花泥则只能维持3d左右。我国北方气候干燥、风大，空气湿度低，可用保鲜膜包裹花泥，避免花泥中水分快速流失，有利于花材吸水保鲜。

2.2.2.3 铁丝网

用铁丝网固定花材的使用方法有两种：一是放在高型花器内用于定位或增加强度，因为高瓶不能使用剑山，使用方法是将铁丝网卷成筒状放置瓶内，花茎插入网孔得以定位；二是插作大型作品时，粗重花材直接插于花泥中易倒伏，需要在花泥外罩一层铁丝网以增加强度，花茎插入网孔得以稳定(图2-13)。

2.2.2.4 瓶口支架

瓶口支架，又称"撒"。东方传统瓶花为缩小瓶口空间达到花材"起把紧"效果而运用瓶口支架，可用有弹性的植物枝条做撒，或选用可调节长度的金属质地支架做成金属撒（图 2-14）。

2.2.2.5 七宝花留

七宝花留（图 2-15）是东方传统插花固定器具，和剑山一样起到固定花材的作用，环保清洁，古色古香，更利于线状叶材的直立。

2.2.2.6 莲蓬巢

莲蓬巢（图 2-16）是由郭江洲发明的占景盘改良而成的花器，若以花盘水面象征湖面，莲蓬巢则有如湖中之岛般的意境。将剑山放置于莲蓬巢之下，可掩饰剑山，使水面空间更整洁干净。

2.2.2.7 鹤巢留

鹤巢留（图 2-17）的灵感源自仙鹤等鸟巢的缠绕多孔结构，材质为铝合金，具有质轻、环保、有弹性、可重复使用等优点。使用时根据容器剪断鹤巢留调整大小，或多个组合使用，放置于瓶等东方传统花器中，便于花枝插入鹤巢留多层空隙而固定角度。

图 2-13　铁丝网　　图 2-14　瓶口支架　　图 2-15　七宝花留　　图 2-16　莲蓬巢　　图 2-17　鹤巢留

2.2.3 其他工具及附属品

2.2.3.1 剪切类工具

花艺刀　斜切花茎，使茎部的截面面积增大。刀口锋利，对花茎的损伤最小。使用花艺刀不需像使用剪刀那样用完后放下，要用时再拿起来，可以加快插花速度。但如果没有正确掌握手持方式则易受伤，另外过于粗硬的木本枝条也不适用。花艺刀手持方法是：用食指、中指、无名指、小指握住刀柄，竖起大拇指使之与刀刃平行；左手持花茎，将其置于右手虎口处，使刀刃与花茎呈斜角，左手向前方移动来削切花茎（图 2-18）。

花泥刀　刀刃较长，适合切整块花泥。

美工刀　裁切纸张或塑料制品。

花艺剪刀　适合大部分花材的剪切，较为省力。

枝剪　适合木本枝材类剪切，直径较大的树枝可选园艺大号枝剪。

池坊剪　日式花道专业剪，部分池坊剪带铁丝刃口，可用于剪切铁丝。手持方法是大拇指根部压住花剪一侧握手，另外四根手指握住另一侧握手，食指从中间穿过更容易握牢，手不容易被夹到（图 2-19）。

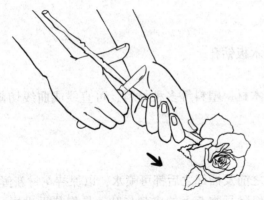
图 2-18 花艺刀手持方法

图 2-19 池坊剪手持方法

强力剪　适用范围广，但磨损较大，应分类使用。

丝带剪　用于剪断丝带或布艺品。

铁丝钳　用于剪断金属丝，包括尖嘴钳、平口钳、斜口钳、圆口钳等。虽然池坊剪刀刃基部有一个小缺口专门剪断铁丝，但还需用铁丝钳来剪断粗铁丝。另外，铁丝钳还有拧紧铁丝的功能。

2.2.3.2　金属丝类

插花最常使用的金属丝是铁丝，其次是铝丝和铜丝。铁丝在插花中的主要用途：花枝的支撑、稳固、加长、细弱花枝的拉直与弯曲造型、易散花瓣的加固、垂软叶片的支撑、花材的造型、固定等。插花用的铁丝常用绿棉纸做表面处理，主要有四种颜色：绿色、咖啡色、白色和铁丝的本色银色。铁丝根据粗细分为不同的型号，根据设计造型的需要来选用 16~30 号铁丝，号码越大，铁丝越细。

2.2.3.3　胶类

插花专用的纸质胶带　即花艺胶带。由于最常用绿色胶带，所以也称绿胶带。另外，还有棕色胶带，应根据花茎的颜色选用接近的色彩。这是一种特制的皱纹纸包装带，纹间加入黏胶，需拉伸使用。常配合铁丝用来加固、绑缠、支撑花材，因其包裹覆盖铁丝起到隐藏加工痕迹的作用，还能起到一定的防止花材脱水的作用。

花艺冷胶　鲜花专用胶，上胶后需静置片刻再粘贴效果更佳。

热熔胶　需配合热熔胶枪使用，插电加热后将胶枪里的胶条熔化成胶液，用于干燥植物素材或非植物素材的黏合使用，且因其高温不可用于新鲜花、叶的粘贴。牢固性较弱，受环境温度影响易剥落。

亚克力胶　无色透明快速黏合，固化后可水洗，牢固性强。

白乳胶　适合粘贴木材，也可粘贴纸张营造特别的肌理感，加水混合剪碎的植物素材做特别的表面铺陈。白乳胶固化时间比较长，加水会延长黏合时间，一般 24h 后能够固定完全，加水比例约为 3∶1。

喷胶　适合大面积粘贴细碎素材，效率较高。

2.2.3.4 电动工具类

电钻　架构花艺常用工具，用于木板钻孔。

直钉枪　木质材料的连接固定。

曲线锯　可切割金属、铝合金、木材、塑料等多种材料，可直线或曲线切割，注意刀片和材料的匹配。

2.2.3.5 其他工具

喷水壶　花材整理修剪后，未插之前及插好之后都可喷水，以保持花材新鲜。

除刺器　又名打刺钳，用来人工修除月季茎上的皮刺与叶，易伤茎干皮层。如工作量大，也可选用电动去刺机。

订书机　用于固定包装纸、纱网，还可以帮助叶材造型固定。

试管　常用于现代自由式插花作品中，起花材保水作用。根据材质分玻璃试管、塑料试管；根据形态分平口试管、卷口试管。常用型号为口径12~30mm，长度100~200mm。常配合注水器使用，方便加水。

扎带　用于捆扎固定架构、试管等，能够快速完成捆扎，且结实牢固。

喷漆　现代自由式插花常用上色工具，用于改变花材、底座、架构的颜色，上色效率高。建议喷漆时佩戴防护面具，减少颗粒吸入。

配件　在插花作品周围放一些人物或者动物的小配件，如仿真蝴蝶、仿真鸟等，但不能滥用。

2.3　插花基本技能

一件花艺作品成功与否，首先要有好的构思，但如果没有熟练的插花技能，也无法表达创意，所以插花者必须掌握插花的三大基本技能，即修剪、弯曲、固定。插花者应遵循"以构图需要为目的，顺其自然为主导，分明层次，造就美观"的原则，熟练地运用这三个基本功，须勤于练习，熟练掌握，插花时才能得心应手。

2.3.1　花材修剪

修剪是插花最重要的一环，从插花开始直到作品完成都要剪不离手。欲生动地表现花材的自然美态，合乎作品构思，必须善于修剪。枝条修剪时可注意下列几点。

①顺其自然，仔细审视，观察哪个枝条的表现力强，最优美，则予以保留，剪除不理想的枝条。正如沈复在《浮生六记》中介绍的花枝剪裁方法和取舍标准，"若以木本花果插瓶，剪裁之法（不能色色自觅，倩人攀折者每不合意），必先执在手中，横斜以观其势，反侧以取其态。相定之后，剪去杂枝，以疏瘦古怪为佳"。

②区分枝条的正反面，以主视面为基准，取舍枝叶。

③枝条的长短，视环境与花器的大小和构图需要而定。

④病虫枝、枯黄、破损枝叶，过于繁密影响轮廓的枝叶，妨碍整体姿态的枝叶，可

大胆剪去。

⑤应保留一些向侧前、侧后伸展的枝条，以保持一定的层次和景深，切忌剪成一个平面(朱迎迎，2015)。

⑥把握不定的枝条，可暂时不剪，在插花过程中根据需要再进行修剪。

⑦作品完成前，要仔细观察，大胆剪除有碍于构图、创意表达的多余枝条。

图 2-20　散尾葵修剪造型

除此之外，叶片也需要修剪，一方面需去除病虫害严重、腐烂枯萎等有碍观瞻的叶片；另一方面，散尾葵(图 2-20)、棕榈等叶材一般需经修剪，使叶片变小，使之适宜中小型插花作品，并塑造丰富的表现形态。

2.3.2　花材弯曲造型

自然生长的植物大多形态平平，为了表现曲线美，使之富于变化新奇，往往需要人为运用弯曲技巧来弥补植物形态先天不足。现代插花为了造型的需要，将花材弯成各种形状，所以弯曲造型的技巧也是插花者手法高低的分界线。枝条和叶片弯曲造型的方法和要领分述如下。

(1) 枝条的弯曲法

枝条弯曲应在两节之间进行，因为枝条的节和芽的部位较易折断，故应避开。压弯时稍做扭转，也可避免枝条折断。根据枝条的粗细硬度不同，弯曲具体手法也有所不同。

①最为粗硬的树干可用锯子先锯 1~3 个缺口，次粗硬的树干可用剪来操作，深度为枝粗的 1/3~1/2，嵌入三角形小楔子，强制其弯曲(图 2-21)。此方法正如沈复在《浮生六记》中所写："折梗打曲之法，锯其梗之半而嵌以砖石，则直者曲矣，如患梗倒，敲一二钉以管之。"

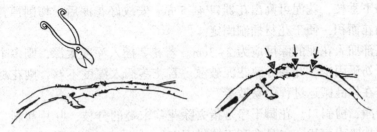

图 2-21　粗大树干的弯曲方法

②较硬的枝条，可用两手持花枝，手臂贴着身体，大拇指压着要弯的部位，注意双手要并拢，才可有效控制力度，徐徐用力弯曲，避免折断。如枝条较脆易断，则可将弯曲的部位放入热水中浸渍，为加速枝条弯曲可加少量醋，取出后立刻放入冷水中拿弯(黎佩霞，2002)。

③较易弯曲的软枝，用两只拇指对放在需要弯曲处，慢慢弯曲枝条即可。

④草本花枝，如文竹等纤细的枝条，可一手拿着草茎的适当位置，另一手旋扭草茎，即可弯曲成所需的形态(黎佩霞，2002)。

⑤还可借助铁丝缠绕枝条，再将其弯曲成所需弧度，但最后需缠绕与枝条颜色相近的花艺胶带遮掩铁丝痕迹。如需弯曲茎中空的非洲菊，可直接用铁丝穿入其空心茎中，则不露痕迹。

(2) 叶片的弯曲造型

反复将较软叶片夹在指缝中轻轻抽动，或将叶片卷紧后再放开，即可得到自然优美的弯度(见数字资源图 2-25)。还可以通过在叶背面贴铁丝，或铁丝穿过叶片等方式，得到丰富的叶片弯曲造型(见数字资源图 2-26)。若需叶片呈现非自然形状，可用订书针或透明胶加以固定。数字资源图 2-27 所示现代手提花篮作品利用黄剑叶的中上段较柔软这一特性，将其弯曲成三层偏心圆环，并用订书针固定，营造颇具空间感的魅力曲线。

手绑花束作品《献给新时代》对春兰叶运用叶片弯曲技巧，4 片春兰叶尾均弯曲而又富于变化，充分展现生命活力，成为作品最具感染力的点睛之笔，荣获第 5 届中国杯插花花艺大赛决赛"神秘箱手绑花束"金奖(见彩图 2-1)。

2.3.3 花材固定

花材经过修剪、弯曲，最终须按构思的布局把花材的位置和角度固定下来，才能形成优美的造型，这依靠的是巧妙的固定技术，常用的固定方法有以下几种。

2.3.3.1 花泥固定法

西式插花需用花泥才能保证几何图形的清晰轮廓，花泥固定法容易掌握，花枝按预设角度直接插入即可定位。以下为花泥的使用方法：

①首先将花泥浸入水中，让其自然下沉，以便内部空气排出，吸足水后即可拿出使用。切忌用手按，否则花泥仅表面湿润，内部并未吸水，无法正常给花材供水。

②按花器口的大小将花泥切成小块，花泥一般应高出花器口 2~3cm。若是西方 S 型插花，需要插下垂枝，花泥可高出花器口 4~5cm。安放好花泥后，切削掉花泥露出的棱角，可增加插花面积，便于花材插制固定。

③花茎基部插入花泥的深度应为 2~3cm。若花茎插入深度太深，则多个枝条会在花泥内部碰触，妨碍固定，并易导致花泥破散。若花茎插入深度不够，则花材易摇晃，固定不稳，尤其在作品搬运过程中易散落。

④花脚干净，剪斜口。花脚干净是指去除花茎末端的分枝、叶片和刺。剪斜口作用有二，一是增加吸水面积，二是有利于花材固定。

⑤当花器较高时，可在花泥下面放置填充物，如废弃的干花泥，但注意中间需隔以玻璃纸防止上方湿花泥的水分转移。

⑥如花器是篮等不能盛水的容器时，则可在花泥下部垫以玻璃纸，并用丝带或透明胶将花泥及玻璃纸捆绑在篮中，使搬运过程中稳固不晃动。

⑦插粗重茎干时，应用铁丝网罩在花泥外面，以增强支撑能力。

⑧花泥必须用散状花材等进行遮挡，使其不外露。
⑨正式比赛中，东方式插花不用花泥。

2.3.3.2 东方盘花固定法

东方传统插花使用盘、碗等容器时，一般用剑山固定花材。这种固定法可使作品显得清雅，插口紧凑、干净，但需一定技巧，否则枝条容易出现倒伏的情况，影响作品的整体表现。剑山固定花材的要点如下：

①放置好剑山后，向容器中加水，直至没过剑山的针尖。加水时将水加在剑山上，可避免水花四溅。

②花材如需倾斜角度，应先垂直插入剑山的针尖或针缝，再徐徐把花茎压到所需角度。

③草本花材茎秆较软，剪口宜与茎秆垂直，即剪成平口，直接插在剑山上。

④麦冬、洋甘菊、肾蕨等花材，因茎秆粗度小于剑针的粗度和针缝间隙，不易固定在剑山上。为使其更好地固定，需增粗茎基部粗度，增加插作面积，具体方法有三：一是将其套入另一段约 2cm 的月季等其他较粗花材的枝干中；二是用绿胶带将其与另一段约 2cm 的茎段捆绑在一起；三是用绿胶带缠绕茎基部数圈，可适度增粗，花茎特别细软的花材不适用第三种方法。

⑤空心的茎如非洲菊，可先在茎干基部套入 2cm 的小枝条，使其变为实心，再插在剑山上。

⑥在插作枝干较粗的木本花材时，较难插入剑山，也容易将剑山的针压弯。稍粗的茎干宜将切口削尖，插在多根针之间的缝隙中，以分散压强。更粗的茎秆应将切口末端纵向剖开成"十"字、"米"字、"井"字等形式，切口约为剑山针长的 2 倍，既增加了花枝吸水能力，也便于其固定在剑山之上。

⑦如插制倾斜角度过大的粗重枝条，一个剑山的重量不足以支撑，容易造成倾倒，可倒扣加压剑山，即让一个剑山针朝下，剑身扣压在另一个剑山的针上，倒扣的位置与倾倒的方向相反，如此就可避免作品倒伏或者花材移位，该法称为倒扣法。

2.3.3.3 东方瓶花固定法

瓶花是最早出现的插花形式，也是东方式插花艺术中最富特色、最具代表性的一种类型。瓶花花材固定的作用，一是可使花枝处于不同的角度，便于造型；二是使花枝不直插入深水中引起腐烂。高瓶插花不能使用剑山，因此要求有较高的固定技术才能使花枝位置稳定，常用固定方法有以下几种。

(1) 瓶口隔小法

即用有弹性的枝条把瓶口隔成小格，以减少花枝晃动的范围。具体做法是，剪取 1~4 段比瓶口直径稍长的枝条或天然 "Y" 形枝条，轻轻压入瓶口 1~3cm 处，把瓶口分隔成几个小格（图 2-22），在其中一小格内插入花材，以上述枝条交叉处为支撑点，枝条末端则靠紧瓶壁得以定位。插好后也可再

图 2-22 瓶口隔小法

横向压入一段枝条，将花材迫紧，避免花材转向，并远离瓶口。

瓶口隔小法在中华花艺中称为撒。撒是由清代李渔发明，专门用来管束花枝的。李渔在《闲情偶寄》里写道，"有一种倔强花枝，不肯听人指使，我欲置左，彼偏向右，我欲使仰，彼偏好垂，须用一物制之。所谓撒也，以坚木为之，大小其形，勿拘一格，其中则或扁或方，或为三角形，但须圆形其外，以便合瓶。"这是我国首次有关固定花枝用撒的文字记录。李渔记载的撒，让容器插花变得轻松自如又独具匠心，这是中国人民从日常生活中凝聚智慧、总结经验而得，其实质为木楔子，即填充器物的空隙使其牢固或分离的木橛、木片等。但这种撒固定技巧与当今中华花艺所谓的撒（"一"字撒、"十"字撒、莲花撒等）并不一致，两者均属于广义的撒，而后者才属于狭义的撒。广义的撒则泛指一切借助力学原理固定花枝的材料和技巧。狭义的撒是在器口或器皿内部固定枝条，分割口径，进而固定花材，限制其移动。做撒的方式并不唯一，要善于观察器皿及材料的特点，根据花型找到最佳固定方式。好的撒能起到四两拨千斤的作用，很大程度上是一件作品成败的关键。其核心要点是，撒的宽度、长度与容器的内径能够完全吻合。但无论哪种做撒方式都要保持器口利落清爽，不露人工痕迹，同时要兼顾枝条与撒的衔接关系。用撒固定花枝，可以使花枝远离瓶口，使瓶口干净、利落、清爽，有空灵之美。

中华花艺中撒的形式多样，有"一"字撒、"二"字撒、"十"字撒、"T"字撒、"Y"字撒、"井"字撒等（图2-23）。当选用竹筒等容器插花时，为了稳固结构，就会在竹筒的底部制作一个"十"字撒，顶部再制作一个"十"字撒，两个"十"字撒之间用竖枝连接，这样花材就能得到最大程度的稳固，这种称为立体"十"字撒。

"一"字形　　"二"字形　　"十"字形　　"T"字形　　"Y"字形　　"井"字形

图2-23　各种撒

拱桥撒特别适用于盘花，利用枝条天然的韧性、弹性，两端抵住容器壁，且两端均留有开口，这样可以把花材固定在容器两端，中间撒枝，形似拱桥。拱桥撒的核心要点是，材质要柔韧且坚实，既能体现出拱桥撒本身的优美感，还能够牢固地固定枝材。

竹筒撒特别适用于缸花、碗花，使用竹片绑扎成星形或莲花形，把1~9个竹筒固定在中间。筒中插花，可以达到"起把宜紧，瓶口宜清"的审美要求。竹筒的数量需要结合整个作品的稳定性考虑，如果花材量比较大，就需要竹筒数量多；反之可以减少。莲花竹筒撒不仅造型美观、匀称，且稳定便于插花，是一种常用的竹筒撒造型（图2-24）。

图2-24　竹筒莲花撒

（2）接枝法

在花枝上绑接其他枝条，使枝条与瓶壁和瓶底构成三个支撑点，限制其摆动，现代常用橡皮筋进行绑接（图2-25）。木本枝接枝前可把枝条端部劈开裂口，夹住附枝，这样固定较牢固，可不用绑缚。草本枝茎较软，可将竹签横向插入茎内，利用竹签与瓶壁支撑，使花材固定，同样也无须绑缚。

(3) 弯枝法

利用枝条弯曲产生的反弹力，靠紧瓶壁得以定位，但注意不能折断，否则失去作用，这种方法适用于较柔软的枝条(图 2-26)。方法是用双手握枝，两拇指抵于折口处，双手用力弯曲枝条。如果枝条的韧性较强，弯枝后反弹回原位，可以在折口弯曲时嵌入小木块，防止折枝复位。

(4) 铁丝网固定法

把铁丝网卷成筒状放入瓶内，花枝插入铁丝网孔洞中得以固定(图 2-27)。

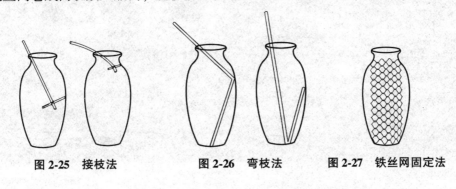

图 2-25　接枝法　　　　图 2-26　弯枝法　　　　图 2-27　铁丝网固定法

思考题

1. 花材的形态类型包括哪几类？分别有什么特点？
2. 如何选购新鲜花材？
3. 如何针对选购花材的实际情况进行保鲜？
4. 东方传统瓶花的花材固定方法有哪些？

推荐阅读书目

1. 《插花艺术基础》(第 2 版). 黎佩霞，范燕萍. 中国农业出版社，2002.
2. 《插花艺术》(第 3 版). 朱迎迎. 中国林业出版社，2015.
3. 《园林花卉学》(第 4 版). 刘燕. 中国林业出版社，2020.
4. 《花图鉴》. Monceau Fleurs. 江西人民出版社，2018.
5. 《撒说：茶席插花》. 倪志，贾军. 中国林业出版社，2018.
6. 《叶材的使用方法》.《花者》编辑部. 化学工业出版社，2015.
7. 《花艺设计花材使用手册》. 深野俊幸，大田花卉. 化学工业出版社，2022.

第3章 插花艺术基本原理

插花艺术和建筑、绘画、书法、摄影等其他艺术一样，都是遵循艺术的基本原理来进行创作。在学习插花过程中，首先要掌握插花造型的基本原理，才能够不断提高插花水平。

3.1 插花艺术造型基本要素

插花是一门造型艺术，欲使插花造型构图完美，就需要了解插花艺术造型的基本要素。任何造型都是由花材的质感、形态和色彩三个要素组成。

3.1.1 质感

质感是物体的表面特性，花材的质感是指花材呈现给人以粗糙挺拔、粗犷结实、光滑细腻、纤细柔美、干枯自然、娇嫩光鲜等感受。例如，线状花材根据其线条是否曲直，分别给人以柔和、温雅、活泼之感或强硬、端庄、理性之感；散状花材如满天星、情人草、文竹等显得轻盈飘逸；而团块状花材如月季、牡丹、绣球花等往往给人以厚重之感。此外，质感也体现植物素材的厚薄、粗细、长短、硬软等基本特征。如大丽花和向日葵等花材的质感比相同质量的翠珠花和银莲花等较为纤弱的花材质感厚重；而同样大小的月季和香石竹，深色的花朵比浅色的花朵质感厚重。因此，对花材的选择应质感丰富，过渡自然。如彩图3-1作品《贯通》所示，设计师采用风化木、嘉兰、路路通为主材，用竹签连接起风化木和路路通，风化木的干枯嶙峋、原始质朴的质感夹杂着对生命、时间、自然的敬畏，表现出不动声色的力量，于脉络间进行了融会贯通，与嘉兰鲜活的生命力形成对比；整个作品体现了岭南文化元素潮州木雕特色和现代装饰艺术色彩。

不同质感花材搭配原则如下，花材质感搭配可分为协调质感搭配和对比质感搭配。

(1) 协调质感搭配

不同花材之间为了呈现整体协调，往往采用相近质感花材来进行搭配。一般山野植物宜配粗硬花材，如松枝、竹枝等宜配菊花、梅花、蜡梅等；娇嫩的花朵宜配光滑叶材，如月季、郁金香、香石竹、非洲菊等宜配栀子叶、巴西铁叶、星点木叶等。

(2) 对比质感搭配

不同花材之间为了呈现对比效果，可采用质感不同的花材搭配。例如，用鲜活的花朵搭配枯木树根等，不仅形成质感上的强烈对比，更形成生命力的枯荣对比，极大地增添作品的艺术感染力。

3.1.2 形态

形态是物体的基本外形轮廓，插花艺术与花艺设计中是指作品造型的式样，即构图形式，又称造型。造型的基本形态包括点、线、面、体。

3.1.2.1 点

"点"是最简洁、最小的要素。插花艺术中的"点"常常起着画龙点睛的作用，是作品的焦点。因此，"点"有集中视线、引起注意的视觉效果，常选用团块状或特殊形状花材作为"点"的要素，如百合、红掌、鹤望兰等。

(1) 单点对构图的影响

插花艺术构图中，一个"点"，即一枝主要花材或者焦点花材在空间中的位置不同，其对整个作品的视觉影响不同。当这个"点"位于作品中心，会让作品的空间产生内聚力，向中心靠拢，这样的作品予人以稳定感；当这个"点"位于作品下角点，远离作品中心，重心下移，会让作品产生下垂感；如这个"点"位于作品上角点，远离中心，会使作品产生上升感(图 3-1)。

图 3-1 单点对构图的影响

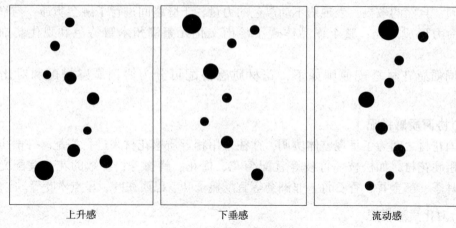

图 3-2　多点对构图的影响

(2) 多点对构图的影响

插花艺术构图中，"多个点"即多枝花材在空间中插制的位置不同，其构型不同，对整个插花艺术作品视觉影响效果亦不同，使作品呈现不同的势态，如上升感、下垂感、流动感等（图 3-2），因此，"多个点"根据空间位置以及形态差异组成的插花构型各异。

3.1.2.2　线

在插花艺术中，线条是造型的重要构成部分。尤其在现代艺术设计中更是把线作为造型的主角，用于创造空间以及表现动势。常用唐菖蒲、金鱼草、马蹄莲、芦苇、大花飞燕草、银芽柳等线状花材来体现。

图 3-3　折线的运用

(1) 直线

粗直线具有强硬感，明确感和力量感，表达庄严肃穆和进取的情态，如大花飞燕草、羽扇豆、毛地黄；细直线柔软飘逸，具有清秀、曼妙之感，如香蒲、木贼等。

(2) 曲线

曲线是由点不断地变化移动方向所形成，具有活泼、流畅、明快与弹性的特点，宜表现柔和、优美的情态，如春兰叶、钢草、花葱等，如彩图 3-2《芳华》所示，采用藤条的自然曲线让整个作品灵动自如，尽显简花婉约之姿。

(3) 折线

折线是点在变化方向上的移动，将直线进行弯折而形成折线，富有变化感和力度感（图 3-3）。彩图 3-3《初夏静美》中，将水蜡烛叶片进行折角处理，在竖向空间上营造两个面的折线变化，组成不规则几何图形，与小手球灵动飘逸的线条形成对比，让作品既有折线带来的现代设计感又兼具东方式的自然美感。

3.1.2.3 面

"面"是"点"或"线"的延伸与扩展。在插花创作中,"面"通常指一定数量单枝花的组合或大而扁平的叶片或苞片,如龟背竹、散尾葵、绿萝、八角金盘等。"面"既可单独使用,也可以将多个"面"交错重叠以增加作品的厚重感与立体感。彩图3-4中,麦冬草编织成面,蝴蝶兰、小菊、蓝星球等点状花材串连成曲线,整个作品完整体现了点、线、面的运用。

插花构图中不同的"面"对观赏者产生的心理影响不同,常见的面有直线几何面和曲线几何面。直线几何面具有方向一定,形状简单,明确秩序的机械理性形态,传达平稳、理智和严肃的情绪,如三角形、梯形、长方形、圆形等。曲线几何面具有不规则但是富于变化的流畅形态,如"S"型、新月型、螺旋型等。

3.1.2.4 体

"体"是花材占据的实体空间,是一个三维立体空间,插花设计时,应给予每一枝花材一定的伸展空间,做到虚实结合,才会使整个作品错落有致且生动自然,整体构图才会和谐优美。如彩图3-5所示,作品以红瑞木造型,线条流畅,宛如流动的旋律,宛如天空的游龙;整个作品以形态取胜,夺人眼球。

3.1.2.5 不同形态搭配原则

不同形态搭配上的协调包括花材与花材之间、花材与花器之间的形态协调。

(1)花材与花材之间形态的协调

主要是指花朵大小与配叶的大小要协调。如牡丹、芍药、月季的花朵与自身的叶片搭配则形态相宜,而香石竹的花朵与其自身的叶片相比较大,搭配不协调,因此,可选用蕨类叶片、栀子叶等与其搭配,使之协调。

(2)花材与花器之间形态的协调

根据花器的大小、高低决定花材的大小和长度。牡丹、芍药宜选用高大型花器;月季、香石竹宜用中小型花器;梅、蜡梅、红枫等木本花卉枝条,为表现其横斜飘逸、古朴苍劲的姿态,宜选用高颈大瓶;荷花、睡莲等水生花卉宜选用阔口浅底型花器;常春藤、文竹等垂蔓型花卉宜选用细颈高身瓶器或悬吊式花器与之搭配。

3.1.2.6 不同形态花材布置原则

不同形态花材的基本布置要遵循:粗者宜短、细者宜长,由粗及细;大者宜下宜近,小者宜上宜远的原则。如在插花设计中需要使用粗的木本枝条表现强硬感和进取向上的情态,截取短而粗的枝条较为适宜;如要体现柔美飘逸的情趣,应选取柳枝等纤细且具有一定长度的枝条较为适宜。再如插制花朵时,应将开放度较大的花朵靠近花器处,而开放度小的花材或花蕾要插制固定于远离花器重心位置,体现其灵动及自然之美。

3.1.3 色彩

插花不仅是一门造型艺术，更是一门视觉艺术。欣赏插花作品时最直观的就是对色彩的感受，和谐的色彩可以恰如其分地展现插花者创作的主旨，给人以美的视觉享受。因此，掌握色彩是掌握插花基本理论与技能的重要组成部分。

3.1.3.1 色彩的构成

色彩是可见光在人们视网膜上所引起的一切色觉，统称为色彩。色彩有"无彩色"和"有彩色"之分，无彩色是指白色、黑色、灰色；有彩色是指光谱色彩中的各种颜色，即红、橙、黄、绿、青、蓝、紫等。色彩有原色、间色、复色之分。原色是色彩中不能再分解的三种基本颜色，即红、黄、蓝三原色。间色是任意两种原色混合而成的颜色。如红+黄→橙；黄+蓝→绿；蓝+红→紫。间色与间色混合为复色（见彩图3-6）。

3.1.3.2 色彩的三个基本特征

色彩具有色相、彩度和明度三个基本特征。色相即色彩的相貌，即颜色名称。彩度又称纯度，是指颜色的纯净程度或饱和程度。在色系中，黑、白、灰的彩度为零，属无彩色，其他颜色与这些无彩色混合会降低其纯度。明度是指颜色的明暗程度、深浅的变化。从黄、橙、红、绿、蓝、紫、黑，色彩的明度由高逐渐降低（见彩图3-6）。

3.1.3.3 色彩的表现机能

色彩的表现机能主要体现在冷暖、轻重、远近三个方面，不同的色彩和同一色彩的不同层次会带来迥然不同的表现效果。

（1）色彩的冷暖感

红、橙、黄等色称为暖色系，具有明朗、热烈和欢乐的渲染效果。绿、蓝等颜色称为冷色系，具有安详、冷静、和平或沉重感。紫色属于冷暖中间色调，紫红偏暖，蓝紫偏冷。

（2）色彩的轻重感

明度愈高，色彩愈浅，则轻盈；而明度愈低，色彩愈深则愈沉重。插花时要善于利用色彩的轻重感来调节花型的均衡与稳定。颜色深、暗的花材适宜用在低矮处，而飘逸的花枝可选用明度高的颜色。

（3）色彩的远近感

红、橙、黄等暖色系称为前进色；绿、蓝等冷色系称为后退色。另外，明度也影响色彩的远近感。明度较高的色彩给人感觉前进而宽大，明度较低的色彩则后退且狭小。插花时可利用色彩的这一特征，适当调节不同颜色花材的大小与比例来增加作品的层次感和立体感。

3.1.3.4 色彩的心理反应

不同的色彩给人带来的心理感受不同。如红色使人感觉热烈奔放、喜庆兴奋；黄色给人明快亮丽、华丽富贵的感受；粉红色温馨甜美、和谐柔美；紫色典雅高贵、华丽轻幽；蓝色宁静深远、忧郁广阔；白色纯洁朴素、高雅冷清；绿色自然清新、轻松淡雅；黑色使人感觉含蓄庄重、肃穆而深邃。

3.1.3.5 色彩的设计

色彩的设计即配色，配色既要考虑花材之间的关系，也要考虑色彩与花器、色彩与装饰环境之间的关系。一件作品中有时会出现以一种配色为主，其他为辅的情况。配色方法有同色系配色、近似色配色、对比色配色、三等距色配色。

(1) 同色系配色

同色系即一种色相，可以塑造整体、统一的气氛。但花色上可以有明暗和深浅的变化，如淡黄、中黄、柠檬黄等颜色能产生和谐对比。这种配色有柔和、高雅之感，是目前较为流行的配色方法。但容易产生单调、呆板的感觉，可以通过同一颜色的深浅、浓淡、大小等有序变化与组合，形成有层次的明暗变化，从而产生优美的韵律感（见彩图3-7）。

(2) 近似色配色

利用色环中互相邻近的颜色来搭配，在色环上相邻60°范围内选色。如黄—橙黄—橙、蓝—蓝紫—紫、紫—紫红—红等，近似色比同类色活跃且丰富。往往要选定一种颜色为主色，其他为陪衬，数量上不要相等，然后可以按色相逐渐过渡的方法产生渐次感；也可以以主色为中心，其他在四周散置，这样也能产生烘托主色的效果。

(3) 对比色配色

色环上相差180°的颜色称为对比色或互补色。如红—绿、黄—紫、蓝—橙。对比色能产生强烈而鲜明的感觉，如处理不好，视觉感觉太过刺激或使人烦躁不安，必要时可通过减弱色彩的纯度，用满天星、绿叶等调和或用中性色黑、白、灰等花器、丝带等装饰。如数字资源图3-1所示，礼仪花篮中采用橙色香槟月季与浅紫色的洋桔梗形成对比色，但因为两种色相的彩度低，因此视觉效果非常柔和，使得作品中在色彩上既突出对比，又不失轻柔温馨。数字资源图3-2所示的开业花篮中，在黄蓝对比色中加入白色进行调和。数字资源图3-3中式插花中黄色和紫色的彩度增加，属于高彩度对比色配色，视觉感受更为强烈。彩图3-8《风从东方来》，黄蓝对比色的运用，提亮了作品。

(4) 三等距色配色

在色环上任意放置一个等边三角形，三个顶点所对应的颜色组合在一起，即为三等距配色。三等距配色也是多色系配色，可使作品鲜艳夺目，气氛热烈，适用于喜庆场合，如节日、纪念日、婚庆等场合，最好也加以中性色调（如白色花材，或白、黑色花器等）来调和。

3.2　插花艺术基本原理

要使插花构图完美，造型达到理想的效果，就需要花艺设计者掌握插花艺术的基本原理，也是插花创作的核心要求与本节介绍的重点。

3.2.1 均衡与动势

插花艺术中的均衡与动势是对立统一的。二者相互独立，但在作品中又相互协调。作为插花作品的灵性所在，二者都具有独到之处。

3.2.1.1 均衡

均衡是指插花作品设计中的匀称和平衡。作品是否匀称直接影响整个作品的效果，为此，每一幅插花作品的花材与花材之间、花材与花器之间、花器与花器之间、花器与环境之间都需要符合一定的比例关系，只有比例适当，才能使作品的造型保持均衡、协调、稳定，从而产生整体美感(李建忠，2013)。首先，插花时要视作品摆放的环境大小来决定花型的大小，所谓"堂厅宜大，卧室宜小，因乎地也"。只有适合当前环境的尺度才可以做到美化环境和装饰空间。其次，花型大小要与所用花器尺寸成比例，《瓶花谱》(张谦德，1595年)写道："大率插花须要花与瓶称，令花稍高于瓶，假如瓶高一尺，花出瓶口一尺三四寸，瓶高六七寸，花出瓶口八九寸，乃佳。忌太高，瓶易仆，忌太低，太低雅趣失。"花型的范围一般以花器单位(器高+器长或口径)为基数，花型尺寸约为此的1.5~2倍(图3-4)。

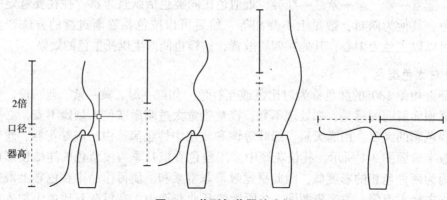

图 3-4 花型与花器的比例

均衡在插花中是指造型各部分之间相互平衡的关系和整个作品的稳定性，稳定就是造型的重心要稳，也是造型的首要条件。一般重心越低，稳定感越强，所以插花时有上轻下重、上浅下深、上小下大、上散下聚等要求，意思就是把重量感轻的花材插在上方，重量感重的花插在下方；颜色浅的花插在上方，颜色深的花插在下方；形体小的花插在上方，形体大的花插在下方；作品的上部要散，下部要聚，这样插出来的作品才具有稳定感。均衡有以下两种形式。

(1) 对称式均衡

对称式均衡是指在对称轴线两侧的距离、形、量等要素在形式上相等或相同，构型具有整齐、简单明了的特点，给人以庄重高贵之感，但易产生呆板、生硬的感觉，西方式插花中三角型、半球型、椭圆型、圆锥型等都属于对称式均衡。

(2) 不对称式均衡

不对称式均衡是指中心轴线两侧的距离、形、量等要素在形式上不相同、不相等，但带给人在视觉上、心理上的感受是均衡的。通过花材的高低错落、仰俯呼应、疏密有致、虚实结合的手法来表现作品的高低、远近、疏密、虚实等方面的变化，取得不对称均衡的艺术效果。彩图 3-9《名门风度》，黑灰的海树在作品后方营造背景，朱顶红作为焦点，鲜艳夺目。造型设计方面，海树和朱顶红都属于块状花材，略显沉稳有余，灵动不足，因此，增加藤条的运用，这样虚实对比，动静结合，既活跃了画面，又实现了不对称均衡。因此，采用不对称均衡表现手法插出的各种插花作品生动活泼，灵活多变，更富自然情趣和神秘感(图 3-5)。

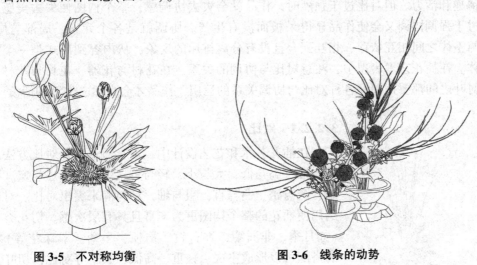

图 3-5　不对称均衡　　　　　　　图 3-6　线条的动势

3.2.1.2 动势

动势是一种运动趋势，插花作品中展现的"动态"，即作品主线条的走势和色彩、形体上的动态感。插花的姿态表现和造型要有动感，这样使作品看起来更生动，更有艺术感染力。

(1) 线条的动势

动势可以通过花材的仰俯、顾盼、曲直、斜垂、张弛变化来体现。花材姿态变化具有丰富多彩的动势，所以可谓"形生势成"，这种动势非常有生气。线条的运用使作品有视觉上的延展性，也就是趋向性，引导了作品的视觉走向，给人视觉上的灵动美感(图 3-6)。

(2) 色彩的动势

色彩也具备"动势"，色彩间由近及远、由浅到深、由轻到重的变换使色彩"流动"起来，作品则散发出勃勃生机，似动非动。

均衡与动势是对立统一、相辅相成的。动势可以通过花材的姿态和色彩的变化来体现。

但是，如果在插花时过于强调动势，不注重平衡，就容易出现作品东倒西歪、头重脚轻的感觉，使作品不稳定，失去美感。而对称均衡的造型，虽具有端庄、稳重之美感，但常显得生硬刻板，其原因就是缺乏动势。所以，插花作品设计时，需要二者兼备，既要具有动感，又要兼具均衡，通过所谓的静中求动、动中求静来呈现完美的艺术效果（见彩图3-10）。

3.2.2 对比与协调

对比与协调是形式美中对立而又统一的两个方面。对比可通过有效运用花材的形态、色彩、材质等方面的差异，强调这种差异中的对比变化，突出花材的特征，提升造型的情趣和活力。但对比过于强烈时，作品就会失去协调感，整个构图便失去美感；同样，过于强调协调又会使作品显得呆板而没有生气。协调就是各个元素、局部与局部、局部与整体之间相互依存、相互配合且没有分离排斥的现象，从内容到形式是一个完美的整体。在插花艺术表现中，注意对比与协调的关系，在花材与花器、花材与花材、花材与衬叶之间都要把握好各种对比与协调关系的运用，作品才会自然、生动和活泼。

图3-7 插花中的"破"

3.2.2.1 对比

在插花艺术和花艺设计中，常常通过各种对比方法，如聚与散、高与低、大与小、轻与重、主与次、虚与实、明与暗、疏与密、曲与直、粗与细、动与静来突出对比。对比的运用使插花的整个构图更为丰富且具有层次感。切花类花材（如月季、非洲菊、香石竹、桔梗、小菊、翠珠花等）之间的搭配可以形成主次、轻重、高低、大小等对比；切叶类的花材（如剑叶、肾蕨、春兰叶、鸢尾叶、一叶兰等）与硬性枝条搭配，能突出曲直、正斜、动静等对比；一组直的线条排列时，令其中有1~2条曲折或倒挂、倾斜，破其单一，这就是国画中的"破"的道理，"破"能产生一种起伏、跌宕、平中出奇的意外效果，也是一种对比手法的运用（图3-7、见彩图3-11）。

3.2.2.2 协调

在美的形式原理上，协调是对称、平衡、比例、韵律、动势的基础，所谓协调的秩序是多样的统一，是气氛美好和融洽无间的秩序（余海珍，2006）。协调可以通过花材选配、修剪、配色、构图等几个方面来体现。如花材选配要恰到好处，构图与花器的色彩配置要和谐等。原先互无关系的素材可以通过改变位置、色彩、形态或加入某些介质等手法使其协调（蒋建萍，2020）。如对比色彩中加入中性色彩；在两个形体差别大、对比强烈的空间加入中间枝叶过渡都能使视觉产生舒服、流畅的协调感。此外，插花的色彩协调就是要缓冲花材之间色彩的对立矛盾，在不同中求相同，通过不同色彩花材的相互配置，相邻花材的色彩能够和谐地联系起来，相互辉映，使插花作品成为一个整体

(见彩图 3-12)。

3.2.3 多样与统一

插花作品的创作过程是创造美、编织美的过程。每件作品不只由一个元素组成，而是由不同的花材种类、色彩，不同的花器形状、质地等共同构成，如何使这些不同元素组合起来产生整体效果的统一，就涉及多样与统一的概念。多样与统一可以通过主次关系的搭配、呼应、集中等形式来体现。

3.2.3.1 多样

多样性是指多样性变化，有多样才有变化，多样性是所有事物的固有规律。不同花材的形、姿、色、质、量都不同，它们争奇斗艳，纷纭斑斓，变化万千，丰富多彩。插花艺术创作也要遵循这一客观规律，过于统一没有多样变化，千人一面，使作品平淡、枯燥、呆板、索然无味且缺乏活力，失去艺术的美感。因此，插花构图中要把握好多样与统一的基本原理。在插花设计中，多样性可从以下几个方面体现。

（1）花材、器具的多样性

花材如植物的根、茎、叶、花、果都是可以进行插花造型的素材，其种类繁多，颜色各异，不胜枚举；除此之外，还有各种各样的非植物材料配件、装饰品等，而花器也是五花八门，东方式的六大花器，现代自由花的新奇花器等，它们形状不同、材质不同，琳琅满目。在插花创作中，正是因为材料及器具的多样化才能塑造出更加生动有趣的艺术作品。

（2）造型的多样性

在插花艺术中，作品的造型样式不拘一格，有传统东方式插花造型，有传统西方式插花造型，还有各种各样的现代自由式插花等多样化的造型。作品体量的大小、花枝高低错落的变化，花材组合的疏密聚散以及色彩明暗、冷暖的搭配等都能呈现出千姿百态的造型。

（3）技法与风格的多样性

插花材质丰富多样，其特点各不相同，为了增强其表现力而出现了各种插花的技法和风格。如中式传统插花中多样的技法和风格；东方式插花中日本花道有上千流派，每个流派的风格和技法各不相同。尤其在现代花艺设计中，构图造型的技巧如构架、加框、分解、重组、粘贴、平行、包卷、铺垫、组群、阶梯、重叠等，这些丰富技巧突破了传统手法，与时俱进，新颖多变。

由于上述诸多多样性的存在，赋予了插花花艺千变万化、多姿多彩、特色鲜明的灵魂及艺术魅力。

3.2.3.2 统一

多样的对立是统一，所谓统一是指插花作品中的组成部分，即它的材料、形式、风格、主题、意境等具有一定程度的同一性、相似性和一致性，给人以统一的感觉。即一致的、整体及部分联成一体的意思，与多样性是对立的、相辅相成的一对矛盾统一体，所以统一性也是物体的客观规律。统一可通过花材之间、花材与花器之间，作品与环境之间的统一来实现。

(1) 花材与花材之间的统一

插花作品的花材要分主次，有主次就有秩序，才能形成一个有机的整体。主要成分不一定体现在量大，它可通过突出的色彩、特别的形态、显著的位置等来表现，一旦确定主体后，其他从枝均围绕主体、烘托主体，形成统一的构图。

(2) 花材与花器之间的统一

插花作品中，容器在形态、色彩和质感上要求与花材和谐统一，如中式插花会选用中式风格的花器，彼此相得益彰，而现代自由式插花则会选择各种现代流行的新奇花器。花器主要功能是固定花材，盛养花材，为作品添彩。因此，各方面应与花材协调一致，不能喧宾夺主。

(3) 作品与环境之间的统一

插花作品要根据陈设的环境进行设计，使作品与环境之间呈现和谐统一的画面。东方式的插花作品需要素洁雅致的陈设环境，而西方式和现代自由式的花艺作品则更适合现代居家或者商务陈设环境。

插花艺术作品的多样性给人以丰富、生动活泼的视觉感受，而统一性则给人以协调完整、和谐一致的美感。如作品中有不同形态的花材，一方面可以通过色彩取得统一，使多样中有秩序；另一方面还需在统一中求变化，如作品只选用同一花材，则可通过花型大小、空间位置变化、不同的姿态等来营造变化这一要素，使作品在统一中具有多样性变化(彩图 3-13)。

3.2.4 节奏与韵律

节奏与韵律是艺术魅力之所在，如若作品中没有节奏与韵律，作品则缺乏美感和艺术感。节奏与韵律对于创作者情感的表现有着极大的驱动力，对于人们的审美和情绪有极大的感染力(王连英和贾军，2015)。节奏与韵律是指插花中通过花材上下、左右、前后等空间位置排列，色彩有规律的变化，以及不同种类花材有序的组合而体现出的类似于音乐的节奏与韵律(图 3-8)。

3.2.4.1 节奏的概念及特点

节奏是指有规律、有秩序的连续重复的运动和变化，如生物的新陈代谢、人的行走、时钟的摆动、四季的转换及天体的运行等都是富有节奏的运动变化，并非一成不变的重复。因此，节奏广泛存在于宇宙万物中，是一种基本的自然规律；节奏的形成是以两个以上有差异的对比因素为前提，这些差异矛盾的变化必须是有秩序的、相继且连续重复，具备这些条件和特点才能形成节奏，才能产生节奏感，节奏是一种抽象形式，是形式的审美感觉而不是具体的事物。

艺术中节奏不仅仅是根据天然的节奏规律与人身心节奏相结合，还要按照审美学的原则组织造型和布局结构，从而引起人体本能的节奏共鸣与天然节奏的积淀与回忆。

图 3-8　节奏与韵律

3.2.4.2　韵律的概念及特点

诸多差异矛盾因素构成多样又统一、对比又和谐的节奏就是韵律。换言之，韵律就是节奏的和谐。在插花艺术设计中，任何物体构成部分有规律的重复，就会形成韵律。一片片叶子、一条条叶脉、一朵朵花儿、一根根线条的重复，都能让人体会到韵律。韵律美就是一种动感美，需要通过造型层次、色彩变化、花材组合来体现，使插花富有生命活力与动感。

(1) 有层次的造型体现韵律

采用花材的高低错落、高矮长短、前后左右的排列可以营造出插花的层次。将大自然环境中高山群叠、溪流蜿蜒、沟壑交横中的层次感转移到插花之中，运用要素的重复、起伏、交错等手法来体现层次的变化与堆叠，让插花整体具有视觉的深浅变化与空间转移。在阳光或聚光灯的照射之下，花瓣呈现出明暗部以及次明暗部的变化也能体现韵律，给人以视觉享受。

(2) 运用色彩的变化体现韵律

通过色彩搭配法则来突出作品所呈现的韵律。运用同色系的深浅与明暗变化表现浓淡层次的调和韵律美；运用互补色搭配，如选用冷色与暖色互补搭配。如果能够巧妙地利用互补色，可以使作品具有明亮愉悦的韵律感，但若是没有处理好互补色的色彩协调与色块安排，则会产生生硬和突兀的感觉。所以，运用色彩来创造韵律感要注意花材的应用与面积亮度的考虑。彩图 3-14，运用黄蓝对比色的渐变，产生色彩的韵律感。

(3) 不同花材组合体现韵律

深入探索韵律的变化，还可以从花朵开放度、花材的曲直线条等方面来增加视觉上的节奏与韵律改变，使整个作品显得高雅且富有节奏与韵律感。

思考题

1. 插花艺术设计中,有哪些色彩搭配方法?
2. 如何理解插花基本原理与理论中比例与尺度的关系?
3. 如何运用色彩来体现作品的韵律感?

推荐阅读书目

1. 《插花艺术基础》. 华南农业大学. 中国农业出版社,2002.
2. 《中国传统插花艺术》. 全国插花花艺培训中心. 中国林业出版社,2000.

第4章 东方传统插花艺术

东方传统插花艺术以中国传统插花和日本传统插花为代表。中国插花艺术的起源发展与佛教供花有着密切的关系,随着佛教东渐,中国插花艺术成就在隋唐时期也随之陆续传抵日本(黄永川,1989)。

4.1 东方传统插花艺术特点

历史悠久的中国传统插花艺术,经过漫长的形成和发展过程,融入了中国古代以自然、平和为美的哲学思想及伦理道德观念。中国古代的哲学思想实质是儒、道、佛三家思想的综合体。儒家重人伦、轻功利;道家"依乎于天地,顺其自然",追求虚静,向往原始、自然的生活;佛家追求"清静无为""息心去欲"的境界。三者融汇,长久地影响着中国文化艺术,日本插花源于中国,以中国和日本插花为代表的东方传统插花有如下特点。

4.1.1 师法自然

传统的东方民族酷爱自然、崇尚自然,对自然之美有着独特的审美情趣和审美观点,以自然界中生长的花木为表现的物象,讲求"物随原境""师法自然",这是中国国画和插花艺术的理论基础。即所表现的景观需符合万物自然生长的规律,不能含有明显的人工痕迹。正如袁宏道在书中所论述的"花妙在精神,精神人莫造,寓意于物者,自得之""使观者疑花生于碗底方妙"的境界。这样,就要求插花者深入去观察和了解植物的生长习性，思考其美之所在、美之精华，并融入个人的情感与审美，在此基础上加以提炼和表现，使作品展现出充沛的自然生命力和美感，具有能震撼人心灵的感染力，这是传统东方插花的精髓所在。所以，传统东方插花又称自然式插花，创作中要考虑草木花卉生长的自然形态，使作品达到一种"虽由人作，宛若天开"的艺术境界（北京时代文书局，2020），主要有以下要求：

①起把紧　自然草木的发芽与生长，都是由一点向周边扩展的，所以插花时，各枝条的基部插口应集中靠拢，如一株生长着的植物，这样才能显示其自然生机。如果松散交叉宛如杂草丛生，既无生气也失美感。日本插花，也是从这个意念出发，强调"点"的插法。

②表现花材自然美　如潇洒飘逸的柳枝，创作中如使其聚集成丛，有违天意则失去其魅力；表现梅花时，不表现其疏影横斜的姿态，就等于失去了梅花的自然美；竹子的美则在于其挺拔刚劲的气势，若创作中倾斜使用，就丧失了竹的内涵美。插花对素材的应用，是一个源于自然、取于自然、依于自然、再现自然的过程，一切以自然为本，是自然式插花创作的先决条件。

③花型符合植物自然形态　自然式插花的花型所分的直立、倾斜、水平（平出）、下垂（倒挂）等形式，也是根据植物自然形态而来。植物生长有向光性，直立型插花有如光在正上方，所有枝叶方向都向上；倾斜型插花有如光位于斜上方，枝条倾向一侧；水平（平出）型插花有如阳光在水平方向，花枝平出；下垂（倒挂）型则模仿自然界植物枝条由于环境原因无法支撑重心而下垂，但因为向光性其枝端又会迎着光的方向上扬而呈现勃勃生机的状态（图4-1）。

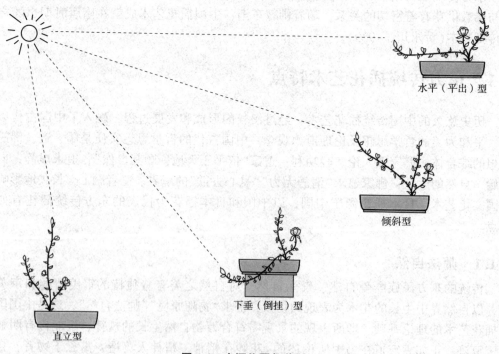

图4-1　光源位置与花型

4.1.2 讲究线条

选材简洁，所用材料数量不多，追求花枝或枝干的自然神韵。花的线条造型借鉴了书法、绘画中线条的艺术表现手法，插花有了线条，则画面就会产生生动活泼的形状和意境；线条有流动感，会产生韵律，柔美秀雅或刚劲苍老的枝条最富有画意和表现力，经常用来构图造型；曲折、粗、细、长短、疏密、软硬不等的线条能表现出优美、生动活泼的轮廓，展现出"一花一世界，一叶一菩提"的艺术效果。

插花素材中的线形材料能使作品产生动感，使作品有延伸的余地和空间，东方艺术插花向来十分注重线形材料的表现力，认为线形材料更有情趣、更富生气、更能抒发情感。所以传统的插花经常用木本枝条作为主要花材，运用枝条的不同形态表现不同的外延美与内涵美，或气势刚劲，或纤细秀丽，或潇洒酣畅，或一泻千里，或蜿蜒曲折，枝条所蕴含的表现力给艺术插花以无穷的创造力，使作品更加生动活泼，更富于艺术表现力。

4.1.3 突出意境

"意"和"境"是两个范畴的统一："意"是"情"与"理"的统一，"境"是"形"与"神"的统一。意境在形、神、情、理的相互渗透、相互制约的关系中形成。中国传统插花的意境美就是情、理、形、神、韵的统一。看一件意境深邃的插花作品，就如同品一壶回味无穷的茶，醇厚甜美的回味使人心旷神怡。作者所表现的意境美把观者的思想引入作者所要表达的意境之中，使作者和观者有一个心灵的对话，共同在插花作品中得到思想的交流、意识的冲撞，使观者得到启示、震撼，从而获得美的享受，情操的陶冶。中国人将花材视为有感情的生命机体，因此，花材不仅仅是插花表现形式美的主要物质基础，更是表现意境美的主要因素。特别是中国传统的文人插花，喜欢将花材"人格化"甚至"神化"，利用多种传统花材的象征寓意，寄托情思，抒发情怀，创造意境。

东方式插花不仅表现花材组合的形式美和色彩美，更强调插花作品的意境美和内在神韵美。意境深远和富有诗情画意是东方式插花的主要艺术表现手法。

4.2 中国传统插花艺术

中国传统插花艺术历史悠久，始于西周、春秋战国，包含了中国传统哲学、伦理道德、青铜文化、瓷器文化、植物文化、书画艺术、诗词歌赋等文化艺术的积淀，具有深厚的传统文化底蕴，是我国优秀的传统文化之一（马骁勇，2018）。

4.2.1 中国传统插花艺术概念

中国传统插花艺术是指以三主枝为骨架结构，采用中式花器，结合中华民族的传统习俗和文化创作出来的体现中国艺术特色的插花艺术。它是一门具有自然美、社会美、造型美和个人情愫的生活美学；是最具有东方美的艺术类型，也是东方插花的源头所在（马骁勇，2021）。

4.2.2　中国传统插花艺术构成要素

中国传统插花的构成要素有器具、花材、几架与配件。器具奠定了中国传统插花的基调特色；花材寓意深刻，承载中国传统花卉文化；几架与配件独具特色，增加作品气势，并辅助表现主题(王莲英，2015)。

4.2.2.1　容器

瓶、盘、缸、碗、筒、篮，具体描述见本教材1.3.3。

器具的最基础作用是承装花材，同时为花材提供水分使其不易凋零，延长作品展示时间。在制作时需要先将水注入器皿，如使用剑山则水必须淹没剑山的针尖；瓶花和缸花不使用剑山，需要先注入八分满的水，有利于制作过程中器具的稳定，作品完成或陈列完以后需注满水。

花器选用需要考虑作品主题与展示位置，器为作品主题服务，不应该过于夺目，否则抢夺花材的风头。通常情况下器皿多以深色为宜，体现器具对插花造型的承载与烘托，器具犹如为花材营造的"金屋"，花材植根于"大地"，增强作品的稳定感与艺术感染力(清·沈复，2018)。

4.2.2.2　花材

中国传统插花对花材的选择与组合非常慎重。切花多选用木本植物，如梅花、桃花、玉兰等小乔木，牡丹、山茶、迎春、杜鹃花等灌木，紫藤、珊瑚藤、炮仗花等木质藤本。同时也常选用一些木本植物的叶做衬叶，如罗汉松、黑松、变叶木、花叶鹅掌柴、马褂木等。因为这些木本花材寿命长，整形修剪又方便，便于构图造型，所以传统的中国插花喜欢选用木本花材。也常用一些草本花卉，如红掌、香雪兰、百合、萱草、郁金香、金鱼草等，它们具有美好和深刻的寓意。"凡材必有意"，使观赏者感受到一种野趣，渐渐升华到一种更高的境界。如梅、竹、菊象征着不畏严寒；梅、竹、松组合颂扬君子之风；白玉兰、海棠、牡丹组合象征着"玉堂富贵"；牡丹与竹组合象征着"富贵平安"；荷花与莲叶、莲蓬组合意味着一尘不染、洁身自好；苍松表示坚韧不拔、不屈不挠的精神；梅花表示傲雪斗霜、英勇不屈；牡丹表示雍容华贵。这些均为创作插花的中心思想，用花代替语言来与欣赏者的思想感情沟通，以含蓄的或表露的手法，产生一种形式统一又超乎形式的境界，引人入胜，启迪人去思索。以景写情，寓情于景，情景交融，给人以回味无穷的享受。传统的中国插花运用花材的内涵丰富、寓意深刻来创作，使花材既有自然美，又有意境美，作品充满了画意的艺术魅力。

4.2.2.3　几架与配件

几架是传统插花构成要素之一，多为木质材料，形状多为圆形、方形、长方形等，有土黄、褐红、黑色等，能与传统容器和花材的色彩相协调匹配。其主要作用是衬托并垫起容器和抬高花材造型，提高其稳定性和完整性，与花材造型的形、色、质融为一体，使整件作品更鲜明夺目，稳重大方，提高其观赏价值。

配件属于传统插花作品辅助的成分。在作品中常视需要而配置。如清代流行的谐音式插花中就多见使用。常用的配件有：瓷塑造型、画轴、香囊、中国结、珠串、水果、灵芝、佛手、铜钱、灯笼、如意等。其主要作用有：

（1）烘托气氛，装饰环境

在传统插花创作中，常选用适当的配件来烘托某种气氛或装饰环境。如在喜庆的场合，挂上中国结、红灯笼，渲染热烈欢庆的氛围；在书房插花中，可于背景处悬挂名人字画或放博古架，桌案上摆放文房四宝和书籍之类以增强文化气息等。

（2）点明主题，完善主题表现

常采用容器和配件搭配的方式来表现，比如在表达春节的节庆插花时，就会搭配灯笼、福字等。

（3）均衡造型，使作品完美和谐

在插花造型中，或有空隙需填充，或造型偏斜需调整等，常用配件加以完善。需要注意的是，添加的配件一定要与作品的主题思想相符合，能丰满或点明主题。

4.2.3 中国传统插花分类

古人对生活中的插花艺术甚为讲究，有其情趣与细致的一面，由于各朝代人们生活背景不同，风格各异，所以插花类型甚多，各树典型。其主要分类有以下几种：

①按花器应用　分为盘花、碗花、瓶花、篮花、缸花、筒花。

②根据作者创作心态与内容　分为写景花、理念花、心象花、造型花。

③根据生活场景的应用　分为宗教寺观供花、皇家宫廷插花、文人插花、民间插花等。

④按时令不同　分为日常插花、节庆插花。

⑤根据居室陈列环境　分为厅堂花、斋花、茶室花等。

⑥按历史发展阶段　较典型的有唐代以前的古宗教供花、古理念花；唐宋时期的古典隆盛院体花、宴会装饰花、古写景花、理念花；五代禅室自由花；元代的心象花；明代的隆盛理念花、格花、新古典花；清代的写景花、文人式格花、谐音造型花、蔬果造型花等。

4.2.4 中国传统插花基本知识

4.2.4.1 中国传统插花的立足点

立足点指的是花枝在花器上的安插位置，即盘花中剑山的摆放位置为盘花的立足点；瓶花中花枝在"撒"中的位置为瓶花的立足点。中国插花本身是一项完整的方位艺术。"方"是方向，"位"是位置；"方"讲究花枝"天道"发展的情形，"位"讲求花枝基盘盘踞"地道"的情形。关于"地道"问题，中华民族自古把花器比喻为"大地"或"精舍"或"金屋"。插花是一种富有生命的景观创造，因此立足点的地位和意义，如同宇宙创造时所象征的生命起源。在插花过程中，最重要的即是在无数的平面点上寻找最适当的立足点。

中式插花基本立足点共有25个，简化后有9个重要之基本点(图4-2)。简化后的九点正中心简称"极点"，是一切造型及生命的母点或泉源，象征天心或中土，带有上下、天地、阴阳的性格，代表着独一无二的绝对权威。而四隅点古称"地维"或"天柱"，也称"四隅"，即窔(yi)——东北、突(yao)——东南、奥——西南、屋漏——西北四点。其余的点称正四点(东、西、南、北)。

至于"天道"的观念，花草外界所包含的空间均属天道的范围。天道包含太阳及广阔的无限空间，但生物有向阳性及向水性的本性。东、南为阳，西、北为阴(图4-3)，其间花枝的交错与角度的大小，可以暗示时间变化与季节的交替。不论何种花型，每一花枝除遵循地道的规律之外，也需考虑天道的走向，处处注意虚实相应，阴阳交替以及刚柔并济之美(黄永川，2012)。

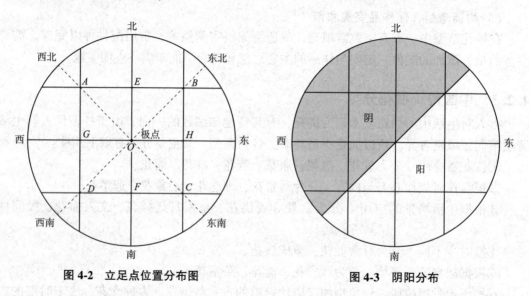

图4-2　立足点位置分布图　　　　图4-3　阴阳分布

4.2.4.2　中国传统插花的三大主枝

中国传统插花花型的基本骨架是由三大主枝构成的，在三大主枝的称呼上不同传统插花流派有差异，有的直接称第一主枝、第二主枝、第三主枝(图4-4)；也有称使枝(花使命)、客枝(花客卿)、主枝(花盟主)等，不同的传统插花流派对三大主枝的名称和定义有所不同。

4.2.4.3　三大主枝的比例

插花艺术基础教学中，确定作品的比例有利于初学者入门，但插花艺术是变化的。比例关系尺度不应生硬、机械地追求，关键是寻找不平衡中的均衡与稳定，以及均衡、稳定中的变化。既不把比例尺度格式化，又能在固定的比例尺度下求变化，不求绝对的比例尺度，才能表现出作品的韵味。所以，在艺术品中比例只是一个常规而非定式的概

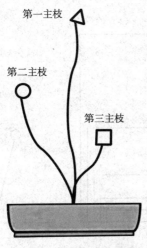

4	9	2
3	5	7
8	1	6

图 4-4　三大主枝结构图　　　　　图 4-5　洛书比例

念。在插花构图中大体可遵循如下几种比例：

(1) 洛书比例

传说上古时期在河南洛河中出现一只神龟，龟背上记有 9 个数字，为戴九履一，左三右七，二四为肩，六八为足，五位中央，禹帝观之创为九畴，书以成像，是为洛书。中国传统插花三大主枝的比例采用中国最古老最完美的洛书比例(图 4-5)。古称万物均有数，天的数为九，地的数为一，天地之心的数为五，五是"衡量一切数的基础"。因此在中国传统插花中三大主枝比例可采用洛书中的 7∶5∶3，以一个花器单位(器高+器口直径)的长度划分为 5 份，那么第一主枝为 7 份，第二主枝为 5 份，第三主枝为 3 份，来确定 3 个主枝的比例，而这个比例近似黄金比例 0.618。

(2) 黄金比例

黄金分割率是比例均衡的典型例子，广泛应用于造型艺术中。它是 19 世纪德国美学家蔡辛克发现的，即将一条线划分为两个部分，为 A-B-C，其比例关系为 $AC∶AB = AB∶BC$，被划分的长线段与短线段之间的对比既不过分悬殊也不等同，首尾相连互为因果，成为最严格、最完美的长度均衡比例关系，由此形成的长方形是最均衡、最简便、最完美的，称作黄金长方形。假设 $AC=1$ 时 $AB≈0.618$；所以 $AC∶BC∶AB≈8∶5∶3$，这就是最佳比例关系(图 4-6)。

(3) 等比关系

即前后相邻之间互为倍数的比例关系如 2∶4∶8∶16∶32∶64……或 3∶6∶9∶19∶36……其中取前后相连三个数形成互为比例关系，也是形式美的最佳比例尺度关系，在造型艺术中也广为应用(图 4-7)。

(4) 白银比例

与应用广泛的黄金分割比例不同，在艺术设计界偏重白银比例，即 1∶1.414。例如，常用的 A4 纸是 A 系列纸张的一种，该系列的特色在于：A0、A1、A2、…A5，所有尺寸的纸张长宽比都为 1.414∶1。A0 对裁后可以得到 2 张 A1，A1 对裁可

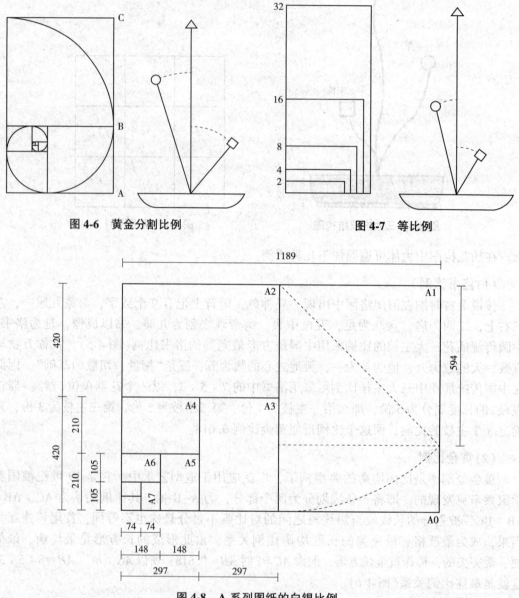

图4-6 黄金分割比例　　　　　图4-7 等比例

图4-8 A系列图纸的白银比例

以得到2张A2，依此类推。这个特色让A系列规格的纸张在作为设计图纸的使用时非常方便，画在A4纸上的图画可以等比例放大到A0纸上。只要有某一款A系列的纸，即能做出任意大小的A系列纸张。日本的传统艺术如建筑、绘画中有很多白银比例，例如在当代最著名的动漫形象中，机器猫的身体与凯蒂猫的脸部比例也是白银比例（图4-8）。

4.2.5　中国传统插花基本形式

中国传统插花需要符合自然式插花的基本要求和主要特征。根据植物生长的向光性，确定花叶的朝向从而呈现不同的花型。依据最长的枝条也就是第一主枝的插入角度可分为四个基本花型：直立型(图4-9)、倾斜型(图4-10)、水平(平出)型(图4-11)、下垂(倒挂)型(图4-12)。此外，还依据水生植物中浮水植物平铺水面而生的自然状态而产生了平铺型(图4-13)，还有各个型的综合插花即综合型(图4-14)，因此一共六大花型，其三主枝的比例为7∶5∶3；概略如下(以盘器为例将剑山放于盘器的左侧，使用洛书比例)：

(1) **直立型**

直立型花枝直立向上插入容器中，利用具有直立性的垂直线条，表现其刚劲挺拔或亭亭玉立的姿态，给人以端庄稳重的艺术美感(见彩图4-1)。直立型主要表现植株直立生长的形态，总体轮廓应保持高度大于宽度。直立型插花将第一主枝与垂直方向保持0°~30°，长度为7(器高+口径为5)，呈直立状插于花器左方；第二主枝向左前插呈45°，长度为5；第三主枝多为焦点花，长度为3，花头向前，让观赏者可以看到最美丽的花顶部分。也可采用逆式插法，第一主枝插在右方，第二、第三主枝的位置、角度也要相应变化。注意三个主枝不要插在同一平面内，应成一个有深度的立体空间，焦点处不能太空或太拥挤。因花型有向前的倾向，因此最后还要在第一主枝旁插一枝稍短的后补枝，修补背面，使重心拉回，既有稳定作用又增加花型的透视感。主枝之间要留有空间，不要太满(见图4-9)。

(2) **倾斜型**

倾斜型将主要花枝向外倾斜插入容器中，利用一些自然弯曲或倾斜生长的枝条，表现其生动活泼、富有动态的美感。总体轮廓应呈横向尺寸大于高度，才能显示出倾斜之美(见彩图4-2)。倾斜型是使第一主枝向右与垂直方向呈30°~60°，第二主枝插成15°在左后，第三主枝在左前(见图4-10)。同样，也可采用逆式插法，第一主枝也可向左30°~60°倾斜，第二、第三主枝的位置、角度也随之变化，形成逆式插。

(3) **水平(平出)型**

此型是将主要花枝横向斜伸或平伸于容器中，着重表现其横斜的线条美或横向展开的色带美(见彩图4-3)，此型又称平出型，前者称谓表现的是第一主枝的角度，而后者称谓除了能体现枝条角度外更体现枝条的力度感与方向感，以及体现出花枝的动态之美。将第一主枝向右前下斜与垂直方向呈60°~90°，基本上与花器成水平状造型。第二主枝如向左前插成45°。第三主枝插在右后，花头向前(见图4-11)。同样，也可采用逆式插法，三大主枝调整位置、角度可形成逆式插。

(4) **下垂(倒挂)型**

此型将主要花枝向下悬垂插入容器中，多利用蔓性、半蔓性以及花枝柔韧易弯曲的植物，表现其修长飘逸、弯曲流畅的线条美，画面生动而富装饰性(见彩图4-4)。一般陈设在高处或几架上，总体轮廓应呈下斜的形状。下垂型也称倒挂型，后者更能体现力度感与险峻之处，有绝处逢生的意味，枝条下悬枝端上扬，有回心向阳之意，体现出力量的平衡，并不是直接垂下一泻千里。

第一主枝先行拱起然后下垂，枝条低于器口，其他主枝的位置、角度与倾斜型

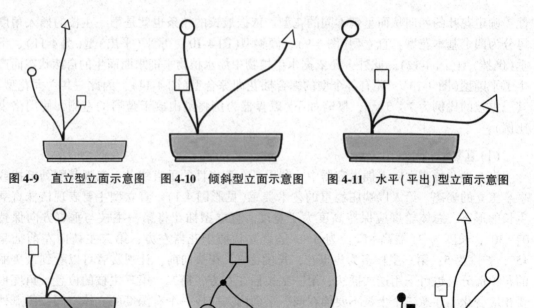

图4-9 直立型立面示意图　　图4-10 倾斜型立面示意图　　图4-11 水平(平出)型立面示意图

图4-12 下垂(倒挂)型立面示意图　　图4-13 平铺型平面示意图　　图4-14 综合型立面示意图

相同。此型是使第一主枝向右前45°倾斜，枝条上拱然后下垂，低于器皿边缘，枝条尾部倒挂回勾；第二主枝插与垂直方向呈15°在左前；则第三主枝在右后为焦点（见图4-12）。同样，也可采用逆式插法，三大主枝调整位置、角度，可形成逆式插。

(5) 平铺型

平铺型是旨在表现枝叶依附大地或水面，没有向竖向空间突兀意图的一种型式，表现知足常乐、无欲则刚的恬静美感。其特色以水平空间的"平远"为表现旨趣（见数字资源图4-1 平铺型：绿盖酌心雨，彩图4-5）。该类作品适合近赏，体现花朵、枝条浮水之美，让人可以近距离感受盘器之中一汪清水与花枝的神态。

平铺型在器皿内制作，所以比例尺度相应缩短，以盘器的半径为花器单位（半径为5份），用洛书比例插制，三大主枝比例依然为7：5：3，如果以直径+器高为5份，则按4：3：2插制。第一主枝向右前倾斜45°，枝条可以浸没在水中，第二主枝向左前倾斜，第三主枝为焦点在后方，所有枝脚都微斜向右边，仿佛接受从右侧照来的光（见图4-13）。这个是盘器独有的花型，整个作品株型较小，有时也会运用到营造近景的篮花作品中。同时这个花型也常用两个点插作，如把主株放在右侧，副株放在左侧，右大左小，体现右边植物先接受光生长比左边高大。这个原则在盘花的其他花型上也可以使用。

(6) 综合型

为上列各型的变化与综合应用（见图4-14）。基本花型相互组合，甚至是器皿组合成综合型。将两种相同或不同的花型组合为一体，形成作品。自然界中不仅有单株植物的生长表现，各个单株植物又是相互呼应、相互联系的植物群体。高大的乔木、低矮的灌木、匍匐的地被、苔藓、水生和攀缘植物等，都是相互依托，组合成千变万化的景色。彩图 4-6 所示为直立型和平出型的综合，左侧采用直立型插法，植株高大，色彩明亮，植物茂盛。右侧采用平出型，色彩较暗，株型矮小；不仅体现了主次、高低的变化，而且体现了明暗的光线和色彩对比，左高右低，相依相携，宛如高山流水，知音难觅。综合型的作品如中国传统文化中的一生二，二生三，三生万物，丰富多样（见数字资源图 4-2）。

4.2.6　中国传统六大器皿插花

用于中国传统插花的器具种类很多，但最经典的器皿插花为以下六种：盘花、碗花、瓶花、篮花、缸花、筒花。每种器皿都有它独自的特点，每一种器皿典型的用法与特色介绍如下。

（1）盘花

在 2000 多年前的汉代，用陶盆象征池塘或湖泽，在盆内安置陶树、陶楼或陶鸭，用于表现大自然的无限生机，这是盘花中写景式插花的雏形。这样的表现形式发展到了六朝逐渐与佛教供花相结合，成为插花的重要器皿。插花发展到唐代，坊间流行"春盘"，人们假盘盂为大地，描写自然风景，故寓写景花风气盛行。盘花的特色是盘器较浅，但器面宽广可取多点插制，从而来表现四季风景，包括水景、陆景等。插制盘花时注意盘面空间的留白，体现盘花宽广平远的特点（黄永川，2019）。

彩图 4-5《红香伴清风》，这个作品为平铺式盘花，睡莲亭亭玉立，茎叶平铺水面，花叶互相映衬于清波之上，空气中满溢花叶的清香，在宽广的水面随风徐徐而来。这个作品既体现了水生花卉平铺水面的美态，又体现了盘花宽广的特点。

（2）碗花

碗花的起源出现在 10 世纪的前蜀，盛于宋、明两代。由于碗底尖深，典型的碗花枝脚紧敛，端庄豪华，适用于隆重、正式场合及日常生活中。花材选用草本为宜，大型碗花可使用软枝木本。碗求中藏，这是碗花插制的特色。所谓"藏"，是指碗花的心，碗花插制中会选用一种特殊的植物来代表心，表示天地之心，插在碗器的中心。碗花花型端庄稳重，结构清楚，脉络分明，强调哲理和秩序，以伦理为主，作品体型八方圆满，枝脚整齐，宛若一株。大碗花表现宇宙自然景观，小碗花则显小巧端庄。

如彩图 4-7《天行健——君子自强》所示，因这件碗花作品选用的器具较大，对应使用厚重花材，所以作品以凤梨为碗花中心结构而展开，柏木苍劲有气势，稳定作品基调，帝王花为作品焦点，龟背竹叶为基盘（插花作品的底部叶片收尾、托底的结构，以分隔器皿与水面），使用十多种花材插制作品，所有花材集中成一束从碗底发出，每种材料都各居其位，如宇宙有序。作品刚健有力，如君子奋发图强，永不止步。

（3）瓶花

瓶花的起源记载出现在 5 世纪的南齐，繁盛于明代。历代的花器均有考究，"碾玉、水晶、金壶及玻璃、官窑瓶等"在《乾淳岁时记》中都有记载，都是重要花器。瓶花高昂，这是瓶花插制的特点；瓶花器形高挑，象征崇山峻岭、庄严肃穆，摆饰在厅堂有雄浑、高昂之美，花枝可做360°的表现。瓶花常用于创作六合或者十全插花，所谓"六合"，指花材选用上要求"三木三草"，合而为六；所谓"十全"，即采用十种花材(五草五木)插制而成，寓意十全十美，吉祥如意。

如彩图4-8《迎春纳福》(十全瓶花)中使用的瓶器，高挑适合放在几架上展示，更显气势。这件作品造型夸张，高度达到了两个花器单位(一个花器单位为瓶高+瓶口直径)。用修剪过的椰子叶，侧插在花瓶中为作品的第一主枝，一高一低相互呼应，展现椰子叶优美的弧线。由于使用十全插法，第二主枝由左右两组罗汉松组成，中间的蓝色绣球花为作品的第三主枝即焦点花，下部的红色小菊为副焦点花，一蓝一红对比强烈、焦点突出。作品共用10种花材(椰子叶、金鱼草、罗汉松、绣球花、小菊、百合、侧柏、红果金丝桃、勿忘我、黄莺)，整体色彩强烈，势态高昂，可作为新春瓶花，因此取名迎春纳福。

(4) 篮花

篮花形式衍生自唐代佛教供花中的花筥(以竹子编成的盘器盛装供佛，或用于佛事时散花、以助其盛的盛花器皿)，后为方便携带，加提梁，可用手提的篮盛行于宋代，宫廷中篮花华丽灿烂，极尽豪华。篮贵端庄，这是篮花插制的特点；篮花的特色是藤编结扎花式各异，有豪华精致者插作的理念花，以表社会秩序之美；有装饰用于造型的院体花*。元代以来，形成花式素雅简单者，适作文人心象花，作品高疏隐逸，颇富清雅之美。

篮花以附提梁为正宗，提梁正置时端庄稳健；偏置(提梁斜放45°)时恬淡雅致；侧置(即提梁前后放置)可用于特别造型或心象花插作。插作比例以篮高加半径或提梁高度为五。再配合主枝比例确定长度，取材应合乎篮的特色，选用花头大，颜色艳丽，枝叶繁茂，缀有花朵、果实者佳。

彩图4-9《满堂彩》使用的是定制宫廷篮，提梁较宽，做工精致，花篮偏置45°展示。整个作品使用平展造型，中心一组红色百合为作品第三主枝，即焦点。第一主枝与第二主枝左右分布，金边大叶黄杨木与小圆叶尤加利叶长短交错打开整个作品空间，同时百合花周围填入桔梗与月季作为补充，整件作品花团锦簇，体现院体花风格，摆放在厅堂、寺庙会场，端庄大方、光彩满堂。

(5) 缸花

缸花起源于9世纪的唐代而盛于明、清之间。唐代罗虬的《花九锡》有记载。缸形矮胖，善于盛水，腹部硕大，可容纳更多花材，又方便花材伫立，是介于盘和瓶两大重要器皿之间的花器。缸花取材长短也按7∶5∶3。缸讲块体，这是缸花插制的特点；由于缸口大，腹大，其选材插花时，花材宜多，花头大且上重下轻；如绣球花、牡丹花、菊花、荷花之类，花材能表现块状与枝条的对比之美，随时强调"体与面"的效果。有留白

---

* 院体花为宋代隆盛花型，常插隆盛丰满花材，摆于庭院、寺庙之中，故称为院体花。

的空间为妙，故插缸花时要注意留出 1/3 的内壁及水面。缸花作品豪华隆重，宜摆置殿堂之上。

如彩图 4-10《忆往昔》所示，此缸花不同于通常所见的使用饱满花材的缸花，第一主枝的夸张比例使得此缸花有枯瘦之感（以示文人孤寂），为文人调缸花。作品上部枯枝、枯叶，下部五针松苍劲有力，春羽叶茂盛，中间用两枝白色鹤望兰承接枯荣的过渡，材料枯荣相济，忆往昔峥嵘岁月。作品下方使用蝴蝶兰，在色彩上打破了五针松、春羽叶营造的厚重的色块，也为这件枯瘦感的作品增加了一丝希望的活力。

(6) 筒花

筒花起源于 10 世纪五代《清异录》所记载的李煜在皇宫里举办的插花展览——"锦洞天"词条："李后主每春盛梁栋窗壁，柱拱阶砌，并作隔筒，密插杂花。"筒花盛行于北宋，宋代有记载"于贮梁栋窗户间以湘妃竹作筒贮花、极富雅致"。筒分单隔、双隔，取竹节与节间凿洞盛水插花，此洞称开光。筒花适合文人花，筒皆以竹制，也有陶制仿竹型筒的使用，同样朴实敦厚，象征"精舍"。筒重婉约，这是筒花插制的特点；宜取花材枝条优美曲折，花色雅致，朴实者佳。

彩图 4-11《亲子之爱》采用双筒花，花材选用红掌、松枝、火焰兰、竹根、洋桔梗、小菊等。双筒一高一低，花枝婉约舒展，仰俯呼应，恰似一对母子深情对视，倾诉久别重逢的衷肠。竹根的运用是作品的灵魂，体现了大陆与台湾人民同根生、心连心，作品表达了海峡两岸人民渴盼祖国统一的热切心愿。

总之，六大花器插花的特点总结为：盘花深广，碗求中藏，瓶花高昂，篮贵端庄，缸讲块体，筒重婉约，各具特色，形成多姿多彩的花型世界。

4.2.7 中国传统插花四大艺术类型

古人插花以花木为素材，将心得直观地反映在插花作品上，此时花材成了作品有机的组合，或用以象征大自然景物（如写景花）；或暗示社会秩序（如理念花）；或反映个人心境与志趣（如心象花）；或仅做新生命的美感造型表现（如造型花），形成中国插花最重要的四大类型，现略述如下。

(1) 写景花

写景花源于唐代而盛行于明末清初。明、清时期盆景盛行，受其影响，仿盆景表现手法以描写自然真实景观为目的，以盘花最多。写景花的表现是重视自然的美和现实的趣味，因此讲求外形、光线与色彩，其形式美比属性美强，以"真"为出发点，类似文学或绘画中的写实主义和自然主义。自然的纯真朴实、清新有趣，以及欣欣向荣的野生景象深受中国人的喜爱。花艺师常趁郊游之时带回几枝留春，或购得花枝几许，以花器为大地，于小景中寄意千里，以解郊野景象无法永远伴随之困。

写景花注重花木原有的自然生态，类似"赋"（直书其事，寓言写物）的表现手法，不做虚情或无病呻吟的表现，因此多为应时景，枝叶舒坦，枝脚自然，欣赏者在欣赏时并不会发生太大的困难。古代的写景花曾经流行于唐代的"春盘"。唐代欧阳詹《春盘赋》说："多事佳人，假盘盂而作地，疏绮绣以为春。丛林具秀，百卉争新。一本一枝，叶陶甄之妙致；片花片，得造化之穷神。日惟上春，时物将革。柳依门而半绿，草连河而欲碧。室有慈孝，堂居斑白。庭前梅白，蹊畔桃红。指掌而幽深数处，分寸则芳菲几丛。呼嚓旁临，作一园之朝露；衣巾暂拂，成万树之春风。原其心匠始规，神谋创运。从众象以遐览，总群形而内蕴。"上文对写景花的体现，阐述得极为精密透彻。如沈三白所说："能备风晴雨露，精妙入神"的地步（黄永川，2015）。

如彩图4-12《山河无限好》所示，此作品属于徽派传统插花，花材主要选用安徽乡土植物，松、杜鹃枝、月季、小菊、小叶女贞等材料，作品巧用树皮代替山体岩石，构图遵循近景、中景、远景的三景布局原则，体现近大远小、近高远低的透视美学原理。山体布局疏密有致、山水分明、视野深远，作品色彩清新、自然灵动、仰俯呼应，突出表现了徽州秀美山河风光迤逦，令人心旷神怡、无限神往。

(2) 理念花

理念花盛行于宋、明两代，由宋代理学发展而来，因此得名。强调哲理，以伦理为主，注重理性，内容重于形式，为大众社会而插，与古典派有相似之处，以"善"为出发点，有秩序，重视社会美，感性为主、完美、规矩、规律、结构讲求清、疏。插花艺术在于美化人们的生活，弥补社会制度的不足，使人性更加升华，因此其意义常蕴含作者的愿望与理想。这种重视"社会美"，以理念为出发点，或解说道理，或阐述教理，或暗射人格，或述说宇宙哲理等，"理性"成分特浓，内容比形式重，是中国插花中的一大特色。

理念花的表现强调花木各类固有的花性常态，以"比"（因物喻志）为表现手法。如梅，表现的是梅花异于其他花卉的特质，如疏影横斜的姿态，高洁芬芳的人文本性等。古人将其寄以古典美意与理性判断，以影射道德文章及人格修养，尽其所能地表现梅的常态之美。除此之外，松代表大丈夫、兰表现文静幽雅、竹表现凌霜劲节等，不胜枚举。此时的花器常用以象征着社会或国家，花艺师将花枝予以曲折，使枝态呈现代表智、仁、勇等伦理性格，枝脚齐整，让人肃然起敬。

如彩图4-13《合》所示，用碗花插理念花，所有花材居于一束，从碗底发出，各种枝叶，恰到好处地展现各自的风采，各个位置恰到好处，毫无冲突。理念花结构严谨，右挺左立，以鸢尾为心，一叶兰围绕分割出其他花材的空间，右侧绣线菊平出展示为第一主枝，右侧稍短的绣线菊直插立起，为第二主枝。一左一右、一高一低、一长一短，表示一阴一阳、一天一地、一长一消。中间的百合为第三主枝，即焦点花，再配合其他花叶作为补枝。本作品取百合花语表达君子合而不同的理念。作品整体色彩壮丽，枝条飘逸，豪迈洒脱。

(3) 心象花

心象花盛行元代、清初。体现个人主观观念，重视人文美，强调花材特有的意向和神态，文人插花多属于此类型。心象花为浪漫主义代表，超现实，容忍缺点美。心象一词是心理学的名词，这个类型以表现个人主观意念为主，重视人生美，将个人对宇宙事物的了解或感受，以花材为手段表现出来。因此心象花多半是抽象概念的具体化，其能创造出一个独立形象的新生命。以情或美为出发点，重感性，相当于抽象派、浪漫派，或超现实主义之类。心象插花因注重个人内在的冥想，以偏于主观的手法表现，因而其真正意义往往难为他人所了解，但这种类型插花的艺术美氛围特别浓厚，一旦被了解，其感动力也必然最大。

古诗"榴火如珠艾叶长，红葵还似美人妆。玉盘细切蒲根绿，浴罢蘭汤进羽觞"便是古人端阳节前以应时花材的心象表现。如元代人以荷与竹合插的心象花作品（图4-15），以系帕陶瓶插荷花与竹枝为主体，侧方容器内一插灵芝，一放佛手作为副体。作品为节庆供花，所选用的花材都是高雅祥瑞之品，可以看出作者高尚的品格和情操。荷花傲然挺立，"出淤泥而不染"，展现作者在异族统治下，不流俗媚敌的民族气节。特别值得注意的是飘落在荷叶上的那片花瓣，"无可奈何花落去"，流露出作者压抑凄寒的心态。表面上看这是件欢庆节日的喜庆之作，实际上是作者反抗精神的宣泄。作品名称"福寿双全 平安连年"，在异族统治下，哪里会有什么福寿双全？祈求连年平安，也只能是一种美好的愿望而已。以插花为载体，来表现作者的情感和志趣，借花传情、以花明志，是中国传统插花的重要风格和特色（王莲英，2020）。

彩图4-14《幻·生》，黄金柳优美的线条勾勒出幻化的空间，犹如闪电划过惊雷的夜空，粉色月季跳脱而出，犹如精灵一般绚丽而生，充满了旺盛的生命力，表达了作者内心的乐观、坚定和果敢。

图4-15 《福寿双全 平安连年》

（4）造型花

造型花流行于清代。插花艺术创作的目的是造型的表现，以创造美的典型为共同追求，把握造型原理，创造艺术最高境界之美。强调花材现有的形色或姿态，利用外形美，尊重其生态、常态和神态，较忽视植物的特性，是相当完美的造型。造型本是插花艺术创作的目的，以创造美的典型为共同的依归。但此处的"造型花"乃指狭义而言，即依美学原理或以美的形式为基础从事造型，追求或创造出崭新、纯粹的一种插花类型，此正是老子所说的"造无可名之形"的造型艺术之极致。在造型插花之中既不否认主观个性，也强调客观美的存在典型，形式美比意境美重要。

造型花所注重的花木之美乃在强调其外表所具有的形色姿态，如梅的枝干长短、曲度、色泽，花的洁白娇嫩，以之作为作者从事新生命个体再创造的基础。此时的花器可视为演戏的舞台或人生，作者的创作心情常与世间造物毫无两样，以创造美的艺术品为目的，因此造型插花应是心物合一之下的产物，普遍地流行于各个朝代之中，尤其宫中装饰用的盘花或院体花均属此系统。

彩图4-15造型花《起舞》，使用瓶器作为插花器皿，因为瓶器高挑，如东方美人之姿，三朵向日葵则如三张笑脸，阳光四射，弯曲多姿的线条则犹如舞动的四肢，整件作品的花材处理有明显的人工造型痕迹。此为造型花特点，在人工之中造有实之型，体现形象的起舞之态。

4.3 日本传统插花艺术

日本传统插花艺术是日本花道的重要组成部分。花道是日本人对插花艺术的别称，为与中国插花进行区别，我们通常简称其为日本花道。

4.3.1 日本传统插花艺术与中国传统插花艺术关系

隋唐时期，中国传统插花艺术曾完成第一次对外输出，成为日本插花艺术的源头之一。但彼时的中国传统插花艺术还未完全形成自己的风格，仅是因佛教的传播，将佛前供花的形式从印度引进后适当改进，转而传入日本。佛前供花也仅是佛教礼法的一部分，还未形成一个艺术门类而独立存在(徐寅岚，2020)。

隋唐时期日本派遣大量使者来中国学习时，遣隋使小野妹子将佛前供花带回了日本，并在京都圣德太子常去沐浴的水池边草堂里制作插花以为供奉，自此便创立了池坊，成为日本插花艺术最古老的形式。经过多年的发展，从池坊插花的体系中又分化出不同的插花体系，日本人称为流派，以脱离并区别于池坊体系。

明初，明太祖遣使赴日，修复了中日之间断绝多年的官方交流。自此，中日之间的勘合贸易持续了上百年，期间日方共派船队19次，船只90艘，每次人数在200~1000人(荆晓燕，2008)。中国的花瓶与瓶花之道随着频繁的中日贸易传到日本，开启了中国传统插花艺术的第二次对外输出。

日本官方将日本花道的起源定在公元1462年，即日本官方认为日本花道能够作为独立的艺术门类存在是始于1462年，对应的是中国明代，而不是佛前供花传入日本的隋唐时期。1462年，出现了日本历史上关于池坊插花的初次文献记载——《碧山日录》，该时期的家元——池坊专庆非常活跃，他因大量的插花活动而作为"插花名手"被载入史册。

4.3.2 日本传统插花艺术流派

日本传统插花艺术经过发展形成了众多流派，号称三千有余，这是日本插花艺术走向成熟的标志之一。百家争鸣才能百花齐放，百花齐放才能最大限度地满足各阶层人们的不同审美需求，推动插花艺术整体向前发展。据统计，现有的注册在案并且保持传承的日本花道流派有340个以上，包括最古老的池坊花道。每一个流派的创立都是为了强调自己的体系特色与形式特色，以利于推广传播。如果创立新派，创立者便会脱离原流派。在日本，花道家是一种职业，教授插花可以成为一种商业行为，每一件商品必须有它的特色以示区别。

目前，日本花道中最具影响力的三大流派为池坊、小原流、草月流，其中草月流突破了传统插花艺术的范畴。其他主要传统插花艺术流派有未生流、嵯峨御流、古流、宏道流等，其中宏道流是日本人以中国明代插花艺术理论著作《瓶史》的作者袁宏道的名字来命名的流派，在中日插花史上具有特殊意义。下文按照成立顺序逐一介绍池坊、宏道流与小原流。

4.3.2.1 池坊流

池坊，日本花道的开创者，是日本最早成立的流派，称为"日本插花的本源"。从《碧山日录》算起，池坊已逾500年的历史，现有会员遍布全球，逾100万人。现任家元是池坊45世华宗匠池坊专永，总部设立在日本京都六角堂的顶法寺旁，即隋唐时期小野妹子创立池坊之地。池坊原意为池边僧舍，小野妹子在此将佛前供花作为礼佛仪式的一部分，规定了池坊的代表花型"立花"这个插花样式的准则。这种样式是一种直立的正规样式，一般使用窄口高脚瓶或细高花瓶。日本宽政三年（1462年），池坊插花术的开山鼻祖池坊专庆应邀为武将佐佐木高秀插花，几十枝鲜花插入金瓶绚丽无比，池坊专庆的池坊插花术也因此而扬名，池坊立花也成为插花界的主流。

图4-16　明代·孙克弘　图4-17　日本·池坊专好《立花图》
　　　《太平春色》　　　　　　（摄于京都六角堂）

1462—1624年间，池坊插花的发展进入高峰时期。池坊专应撰述了集成之花传书——《专应口传》，"华道"正式成立；池坊专荣继承了《专应口传》，并加上"生花之事"，将原始的"直立花（TATEHANA）"正式发展成为"立花（RIKKA）"；池坊专好（一代）为丰臣秀吉的毛利邸和前田邸插作"立花"与"大砂物"，以"池坊一代之秀作"风靡于世；池坊专好（二代）活跃于皇宫中的各种花会，集"立花"于大成。这个时期正好对应了中国的明代时期（1368—1644年），将明代形成的中国传统插花艺术的"隆盛体"与池坊最具典型性的"立花"做对比，会发现两者之间存在的诸多联系（图4-16、图4-17）。

4.3.2.2 宏道流

明代，中国多本插花著述集中问世，其中袁宏道《瓶史》一书在日本引发了重要插花流派——宏道流的诞生。宏道流是在日本江户时代中期，由一位叫望月义想的古流插花师于享保到享和年间（1816—1804）所创立（沈纯道，2020）。

《瓶史》1599年发行，之后很快传入日本。日本日莲宗僧人元政在写给友人的信中这样描述："数日前探市，得《袁中郎集》，乐府妙绝，不可复言。"可知明代公安派文学传到日本后受到当地人的喜爱与赞赏。又说："《瓶史》风流，可见其人。"《瓶史》正是《袁中郎集》中的一部分。元政生活在1623—1668年，可见《瓶史》成书之后几十年间，日本人已经通过《袁中郎集》看到了论述插花的《瓶史》。1696年，随着刻本《梨云斋类定袁中郎全集》在日本的传播，《瓶史》广为人知，影响力日益扩大，并出版了几种适合日本人阅读的注释本。当时著名的古流花道师、常盘井御所古流家元望月义想接触到《瓶史》之后，以其理论为核心创立了独具特色的"袁中郎流"，将理论付诸实践。其弟子先后出版了《瓶史述要》（1770年）、《袁中郎流插花图解》全九卷（1805年前后）、《袁中郎插花图会》四册（1808年）、《瓶史国字解》全四卷（1809—1810年）、《瓶史草木备考》（1881年）等著作。

宏道流的代表花型"格花"为"文人花"的一种，他们首先把自己定位于"文人"这一角色，其次才是爱好插花的插花师。宏道流以中国人的名字作为流派称谓，受到日本花道人士的支持，其思想更是孕育了江户时代文人生活的主要内容，这在日本花道史上是十分罕见的（图4-18~图4-20）。

图4-18　桐谷鸟习注《瓶史国字解》（1809年）

图4-19　《袁中郎流插花图会》
（1809年）

图4-20　望月义耀、望月信彦
共著《宏道流之花》

4.3.2.3　小原流

19世纪后期的日本明治时代，越来越多的年轻人难以静心学习复杂庞大的插花形式，日本传统插花艺术的发展步伐减慢。此时，小原云心（1861—1916年）创立了一个新的插花流派——小原流（创立年1912年）。小原云心自幼随父学习池坊的插花艺术，在以前的所有传统插花艺术造型中，花材都是集中地从花器的同一个点伸出，继而伸向各个方位，而他则使用了各种各样的支撑物，因而可以在更为广大的范围内排列剪枝。这种方法使得与传统造型不相容的其他新材料得以使用，同样也促成了景观造型的出现。

与此同时，西方自然式庭院的流行也为日本的古老插花形式注入了新鲜血液。围绕池塘水面种植自由生长的各种植物以形成清新自然的风格，这些新样式受到年轻人的喜爱。接受自然影响的小原插花术以新颖的花型，为插花艺术增添了时代感，小原流的诞生也是日本人学习西方文化的映射。小原流最经典的花型解决了池坊派插花术重心过高，不够安稳的问题，而是更有重量感、重心下降以求更加安稳。这种水面宽广、重心偏低的插花艺术形式就是小原流的代表花型"盛花"（小原宏贵，2016）。

另外，小原流打破了池坊创立并被其他流派延续的师傅手把手一对一教授徒弟的模式，而是开设教学班进行一对多的教学。它活泼的教学传播形式也吸引更多的年轻人对插花艺术产生兴趣。可以说，小原流是日本传统插花和现代插花的分水岭（图4-21）。

图 4-21 小原流盘花

4.3.3 日本传统插花艺术主要花型

日本传统插花艺术的花型有直立花（TATEHANA）、立花（RIKKA）、投入花（NAGE-IRE）、生花（SHOKA）、茶室花（CHABANA）、文人花（BUNJIN）与盛花（MORIBANA）。再后来于20世纪出现的自由花（见数字资源图4-3）已不属于传统插花艺术的范畴，故在此不做讨论。

承袭中国传统插花艺术的特点，日本花道是以儒家的伦理为哲学基础，以佛教禅学为指导思想。其基本理论认为万象是一个整体，在花道中，一条线是象征性的，两条线是和谐的，三条线可以表达完美，在此基础上确立了日本花道中统一和谐的艺术原理和三大主枝构图的原则。对三大主枝的相对长度的严格规定和利用三大主枝形成的各种不等边三角形构图，形成了不同流派、不同花型的差别。下文按照花型诞生的先后顺序，介绍四种主要花型：立花、生花、文人花、盛花。

4.3.3.1 立花

立花是书院壁龛的装饰花，是从僧侣开创的直立花上进化发展出的大型、华丽的插花艺术。其表现出的庄严感深受当时的日本上层阶级和贵族社会的欢迎，是具有严格插法规则的艺术（见彩图4-16）。立花的字面意思为"站立的花"，之所以称为立花，是因为草木升高的姿势而采取竖立的形态。要用铁丝来调整花木素材的姿容，其意图在于再现自然山水那远至天边、近至庭院的层层叠叠的景致。这种细腻的艺术形式往往需要高超的技术技巧，并在高高的铜花瓶中得到充分展示。

立花的构成复杂严谨（图4-22、图4-23），各个枝条的位置和伸展方向均有严格规定，包括"真""副""受""正真""见越""胴""控""流""前置"等主要枝条和"后围""木留""草留"等补枝以及围绕中心的"大叶""草道"等元素。以一幅山水画从上至下、由远及近的观赏顺序来看："真"代表深山，从瓶口直立向上向后伸展而出；"见越"是深山之后复见的层层山峦，立足点在"真"的后方并向"真"的右后方伸出；"副"和"受"代表远景至中景的山峰，立足点在"真"的左右两边并向"真"的左后方和右后方伸出，"副"稍高，"受"稍低，与"真"形成不等边三角形；"正真"象征中景耸立的峻岭，立足点在"真"的前方并直立向上结束于"真"的正下方；"胴"代表小山，立足点在"正真"的前方并直立向上、结束于"正真"的正下方；"控"和"流"分别象征山脚与流水，"控"的立足点在"副"的左后方并向"副"的左前方伸出，"流"的立足点在"受"的右后方并向"受"的右前方伸出；"前置"代表山麓近景，也是一件立花作品结束的收尾枝，立足点位于"胴"的前方并向前伸出。此外，补枝"后围"代表被遮挡住的小山，位于"见越"的后方；"草留"代表离开山麓注入大海的河流，位于"胴"的左边；"木留"代表连于山脚的平原，位于"胴"的右边。在大型的立花作品中还有"大叶"和"草道"位于"正真"和"胴"之间，直立的"大叶"象征岩山绝壁，"大叶"前的花象征瀑布飞泉飘落之景象；"草道"则象征山间溪流，呈现若隐若现之态。这些具有各自的象征意义和装饰功能的枝条从中心（整个花型的虚拟中心）伸出，使立花作品的整体造型丰富完整，所以一件立花作品就是一个宇宙的缩影（林雪娥，1990；黎佩霞和范燕萍，2002）。

总之，立花的重要特征是非对称性、象征性和空间的深度性。它强调精细的技术方法、宏大的规模、象征主义和固定的风格。立花是日本花道的核心，它对以后日本花道的发展产生了深远的影响。

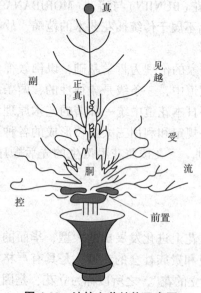

图4-22 池坊立花结构示意图

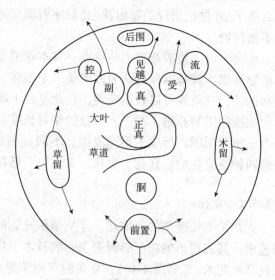

图4-23 插口位置与伸展方向

4.3.3.2 生花

在日本的江户时代，整个日本国泰民安，经济稳步发展。曾经仅仅限于佛教弟子、贵族和王室成员中流传的日本花道艺术，逐渐地在日本武士、富裕商人和包括妇女在内的其他人群中得到了广泛的传播。在这一时期，立花越来越显得呆板和公式化。这时，一种被称为"生花"的造型开始出现，并且迅速得到了更为广泛的传播。

生花由江户中期的投入花逐步发展而来。投入花与正式的立花相反，是以自由的形式插作的，没有固定插法，装饰场所也自由随意。当时，立花得到富裕阶层的追捧，投入花则受到大多民众的喜爱。投入花是一种自发的造型，这种插花法常常将少量的花材随意地投入深深的花器中，利用巧妙的技术展示一种朴素、诗意化的自然美。一般有三种形式，即吊在壁龛上、挂在柱子上和放在壁龛下面。投入花的特点是强调自发性、简单性、暗示性以及对材料的自然特性的尊重。在此基础上衍生出来的生花，要表现的便是草木从瓶口自然生长出来的姿态，反映鲜花的生命力。不同于立花以木本枝材为主，生花大部分使用草本花材，因此极为重视花材的新鲜状态。它主要应用在壁龛上，配合挂画以表现不同的季相、主题、氛围。生花主要表现的并不是花木局部的美，而是伸展开来的生命力（中村福宏，2018）。

生花的三大主枝代表天、地、人，分别被称为"真""体""副"。"真"代表天，位于中心上段，象征着阳。"体"代表地，位于右侧下段，向右前方伸出，象征着阴。"副"代表人，位于左侧中段，向左后方伸出，是由天地之间阴阳和合而生（图4-24）。三大主枝的比例关系为真：副：体＝7：5：3。生花的花型及不同花材取中国书法的楷书、行书、草书之特点，依据环境、使用的花材、表现的意图，实为普通的花或是特别的花等条件的不同，插作的花型亦不同，分为"真、行、草"三种花型。每一种还可以更细地再分成真、行、草，共计九种花型。三姿，"真"姿严肃端庄，枝条曲度不超出花器之外，基本呈直立式；"行"姿活泼舒畅，枝条曲度超出花器，基本呈倾斜式；"草"姿自由奔放，枝条曲度变化多端，或横展或垂挂。真之真用于最恭敬的场合，草之草则为较轻松的花型。生花的花器也分"真、行、草"三态。"真"态花器有小口瓶和寸筒，适合曲线少的枝条；"行"态花器为小广口花器，盆碗鼎笼均有；"草"态花器器型丰富，大广口盘、双隔筒、圆形吊篮、壁挂筒等有利于展示花枝的洒脱飞动之姿。真之花型插于真之花器，行之花型插于行之花器，草之花型插于草之花器。这样就构成了生花的"三姿九态"之丰富变化，表现了草木的趣味与风情（图4-25）。

4.3.3.3 文人花

文人花也由投入花发展而来，是由文人创立的具有文人思想的花型。所谓文人，指"精通中国诗词书画并具有高级教养的文化人"。江户时期汉诗文活跃，文人画和文人茶也随之盛行，文人爱好对插花的影响颇大。随着饮茶习惯从中国传入，千利休（1522—1591年）开创了用于茶道的茶室花。在技巧上，立花是体系秩序的典型，茶花和投入花表现了个人的感性，文人花则自由奔放，常常用作书法、绘画、演奏、品茶等文艺活动会的一部分。

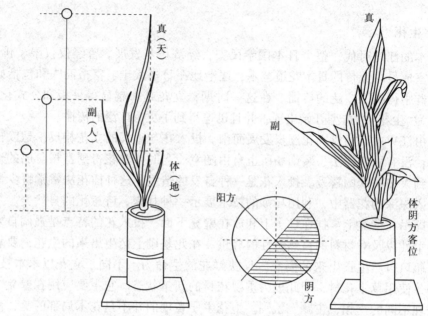

图 4-24　池坊生花的构成（摹自黎佩霞和范燕萍，1993）

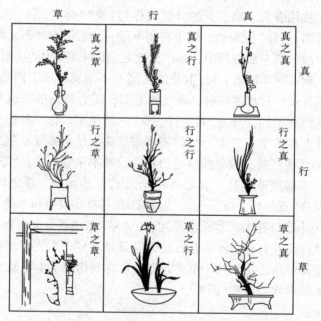

图 4-25　池坊生花的三姿九态（摹自中村福宏，2018）

袁宏道的《瓶史》作为中国插花论的代表作在日本插花界引起了巨大反响，如钓雪野叟（大枝流芳）在1740年发表的《抛入岸之波》（别名《本朝瓶花史》）和文人画家能村竹田在1819年写成的《瓶花论》均受其影响。宏道流的格花是文人花的一种，有"宏道流十体"（见彩图4-17），即清操体、将离体、涧翠体、丘壑体、潇飒体、惹雨体、幽寂体、艳阳体、杪茂体、重荫体。这些花体并不以日本花道通用的真、行、草的方式进行划分,而是由花材特色、插法意向与趣味、剪插时间、场所及目的等各方面所决定。它们吸收了袁宏道《瓶史》中提出的理念和方法,创作出来的作品与中国传统插花艺术作品有相通之处。从这些花体的命名上可以看出宏道流对于中国古诗文的钟情。例如,《瓶史》的"洗沐"篇中有"晕酣神敛,烟色迷离,花之愁也"的描述,一个"愁"字点出了落寞之感,"幽寂体"便是表达这种感觉的花体。此外,宏道流在插花中不使用铁丝、钉子等金属作为固定手段,在日本花道讲究程式化的背景下显得难能可贵(叶灵之,2018)。

4.3.3.4 盛花

在19世纪中期以前的2个多世纪,日本一直处于锁国状态,在此期间日本传统文化包括传统插花得到了精炼以达到成熟的状态。19世纪中期锁国状态解除,欧美文化蜂拥而入,许多植物新品种大量引入,这为传统插花的革新创造了可能性。

盛花创立于明治中期,是使用剑山、花留等工具将花材固定在广口浅水花器中的一种花型,由小原流创立。盛花意即盆里盛花,受到了西方园艺与中国盆景的影响并吸收了西洋花艺的色彩。将立花和生花的"点"插法改为"面"插法,使作品更贴近自然景色,展示人与自然共生的状态。

盛花的三大主枝称为主枝、副枝、客枝,将它们分布在广口水盘的不同点位,搭建起基本的面状框架,再在这个基础上添加中间枝,则可表现自由的插花形式。具体做法是在圆形水盘中设定经过水盘边缘的正方形$ABCD$,将AD对角相连,再将AB五等分,将最靠近自己一边的分割点(4/5)与D点以直线相连并延长至水盘边缘得到E,则AED就是插作盛花的基本插点(图4-26)。也就是说,插入主枝、副枝、客枝的位置就是这个三角形的三个顶点,而它们围合的区域就是插中间枝的范围。这样的形状可以保证在任意观赏面都可以同时看到三大主枝,使得插花作品更加丰盛,因此得名盛花。盛花的花型有直立型、倾斜型和观水型三种。直立型的主枝位于A点,垂直向上(图4-27);倾斜型的主枝位于E点,与垂线夹角呈70°(图4-28);观水型的主枝位于D点,与垂线夹角呈70°,但三角区域大大缩小以展示更多的水面供观赏(图4-29)。

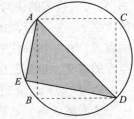

图4-26 小原流盛花结构示意图

盛花不追求面面俱到的完美与对称,而是做减法、做取舍,追求不对称的美甚至残缺的美。"静、雅、美、真、和"是其精神内涵。此外,由于简化了许多固定的程式,盛花顺应了新时代的新需求,使插花艺术在新一代年轻人尤其是驻日的西方人中更便于推

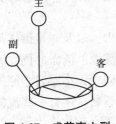

图4-27 盛花直立型

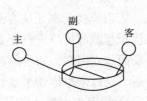

图4-28 盛花倾斜型

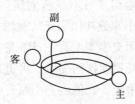

图4-29 盛花观水型

广普及。1899年，旅居日本并活跃在东京的英国建筑家 Josiah Conder（1852—1920年）首次出版了英文的花道书籍 *The Floral Art of Japan*，将日本花道传播到西方世界。同时，糅合了西方审美的盛花在驻日西方人中广受欢迎，全世界的日本花道爱好者开始增加，日本花道逐步成为东方插花艺术的核心。现在"插花艺术"词条的英文为 IKEBANA，就是日文发音的英文词。

4.4 中日插花传承

日本传统插花艺术在 16~21 世纪的迅猛发展，有许多值得我们借鉴的地方，也足以引起中国插花艺术界去深刻思考。

4.4.1 日本插花家元制度

插花在日本是一种职业，这决定了日本的插花必须以师徒相授的形式代代相传。日本花道在组织形式上有严格的条规，或师徒秘传，或嫡系相承，形成了一套完整的"家元制"。

在"家元制"的规定下，家元就是一个流派的最高领导者，具有崇高的威望。他掌握着对流派内其他人员的指导权与对流派学生的教授权，并以此谋生。家元所掌握的内容是养活一个家族甚至整个流派的资本，因而非常珍贵，秘不外传。每一位家元都会用心选择并培养下一代家元，将本流派的积累不断延续下去。许多传承是通过保密性的"传书"将有关技艺的诀窍或理论著述传给子孙后代的，如"口传""秘传""奥义"等。这样的传承之下，一个流派的插花始终具有一脉相承的延续性。这些传自祖先的技艺有着固定的程式，在一代一代的传承中不断磨炼与优化，使之日益趋向成熟。这种成熟是该流派存在的意义，也是其区别于其他流派的标志。

通过"家元制度"，日本花道各具特色的流派得以很好的保存与延续。但反过来讲，一个流派越成熟，其程式化的现象也会越严重。这可能会造成其活力不足，变化不大，陷入在完美中无法再突破的困境。日本花道大多有着严格而固定的构图形式，注重固有形式是其重要特点。无论是插花理念、花材性质与数量、花器种类与形状，还是每一个插作位置，都有明确的规定。如果某一个花枝没有达到特定位置，则意味着该作品的失败。如果某一位家元不能插制出符合流派程式规定的作品，则意味着家元的失败。这样的程式化规定经常会忽略植物在自然界中生长的各种可能性，而是大力提倡人为加工的价值。因此，从这个角度来说，严谨的家元制度既是日本花道的保护者，也确实在一定程度上阻碍了日本花道创新与活力的发展。

自小原流初代家元从池坊分出，宏道流初代家元从古流分出，以及嵯峨御流从未生流分出的历史事实上看，日本花道的流派起源都可以进行必要的溯源。流派的创立家元首先是原有花道流派的高手，再进行创新而独立门户，如小原流的创始人小原云心原先是池坊的当家弟子，在他创立小原流成功后，反过来也推动了池坊的革新。还有一些流派在同一个"流"下分不同"派"，如未生流之下有斋家未生派、庵家未生派、院象未生派、嵯峨未生派、平安未生派、大阪卫生派、未生流笹冈派等多个支派，又如古流之下有桂古流、古流松禹会、古流松应会、古流松藤会、松月堂古流、清泉古流等多个支派。

4.4.2 中国传统插花非遗传承制度

2003年，联合国教科文组织（UNESCO）通过了《保护非物质文化遗产公约》，旨在为国家和国际层面提供一个非物质文化遗产保护、保存和促进的框架。中国也制定了《非物质文化遗产保护法》《非物质文化遗产传承发展条例》《非物质文化遗产国家保护项目管理办法》等法律法规以落实对非物质文化遗产的保护。

2008年，"传统插花"进入中国国家级非物质文化遗产名录，在"传统插花"的大概念下，全国各地具有地方特色的传统插花都可以经过申报成为区级、市级、省级非遗项目，如南京市级传统插花项目——"金陵插花"。在非遗传承的制度中，一个非遗项目可以有传承人，以保障此项目传承下去。目前中国传统插花的国家级非遗传承人有北京林业大学的王莲英教授，她为中国传统插花的复兴作出了卓越贡献。2023年5月，王莲英教授召集全国各省市传统插花相关项目传承人共同在浙江宁波中国插花艺术馆举办"全国各省市非遗项目插花展"。

今天，中国已有"插花花艺师"这一专门以插花谋生的职业，其中不少职业插花师更是以中国传统插花艺术为自身特色，创造了属于自己的传统插花风格。中国传统插花艺术不再仅仅是文人的玩赏，而是许多人赖以生存的基石。从明代末年中国传统插花艺术风格形成，到当代各大流派的演绎，期间经历了对外传播、本土断代、重获新生的过程。在这些过程中，东西方插花艺术激烈碰撞，同为东方插花艺术体系的中国插花和日本插花也相互影响。对不同传承方式的分析，在此刻显得极其富有现实意义。日本"家元制度"对插花技法的守护和中国文人所具备的"诗、书、画"素养，都对当代中国传统插花艺术的传承具有重要价值。

中国传统插花艺术的传承需要结合"文人"与"插花师"的双重特点来进行。在传承过程中，对传承人的培养既要重视传统文人对诗、书、画等艺术门类的研习，从而能够以高水准、高眼光进行插花艺术的立意与鉴赏，又要重视能对中国传统插花艺术体系的不断拓展、创新；从基本的选材、插制技巧，包括对修枝、构图、色彩搭配、整体比例把握等的熟练掌握。只有以"文人"与"插花师"的双重身份对两方面能力进行并驾齐驱的培养，才能使中国传统插花艺术能够真正复兴，并且长久地传承下去。

本章插花操作示范见第4章视频资源。

思考题

1. 关于中式插花三大主枝还有哪些叫法？
2. 插花按照意境表达分为："写景花""理念花""造型花""心象花"，是否有作品可以兼具两种意境，同时在作品中呈现，这种作品该如何称呼归类？
3. 日本传统插花艺术的主要花型分别是什么？
4. 谈谈你对中日插花传承问题的思考。

推荐阅读书目

1. 《中国古代插花艺术》. 黄永川. 台湾国立历史博物馆, 1989.
2. 《瓶史, 瓶花谱, 瓶花三说》. 北京时代文书局, 2020.
3. 《浮生六记》. (清)沈复. 中国华侨出版社, 2018.
4. 《中国插花史研究》. 黄永川. 西泠印社出版社, 2012.
5. 《宏道流望月义琮作品集》. (日)望月义琮. 教师书房, 1990.
6. 《IKEBANA for EVERYBADY(中国语)》. (日)小原宏贵著, 杨玲译. 一般财团法人小原流事业部, 2016.
7. 池坊插花要义. (中国台湾)林雪娥. 池坊华道会台湾支部, 1990.
8. 进阶学习生花. (日)中村福宏. 株式会社日本华道社, 2018.
9. 池坊插花教程生花Ⅰ[中文版]. (日)池坊雅史. 株式会社日本华道社, 2017.
10. 池坊插花教程生花Ⅱ[中文版]. (日)池坊雅史. 株式会社日本华道社, 2017.

第5章 西方传统插花艺术

早在公元前3000多年前,古埃及最早创立几何学,也将几何学广泛应用于艺术设计中(范嘉苑,2015)。古埃及文明渐渐传至欧洲各国,对西欧的建筑和艺术风格影响极深。文艺复兴后,人们的思想得到了空前的解放,关于插花的理念不仅仅局限于宗教的题材,逐渐发展成为室内的一种装饰艺术。西方传统插花艺术也逐渐注入了数学和几何学的思想(闵宪梅,2018)。

5.1 西方传统插花特点

西方传统插花艺术推崇几何图案造型,这些图形以轴线划分空间,多表现对称空间,变化多在于花材的种类和色彩运用,以抽象的艺术手法把大量色彩丰富的花材设计成各种图案(朱迎迎,2008),又称为规则式插花,具有以下特点:

①以草本花材为主,花枝数量多,种类丰富 在花材上通常用长条型花材作为骨架花,构成插花作品轴线的主题,选择较大的团状花材或特殊形状的花材作为焦点,使用散状花材作为填充。

②在构图上突出几何轮廓,采用对称和规则的几何图形 西方插花的轮廓都由最外围花的顶点虚拟连线所构成,虚拟的垂直线、水平线通常可选择相对挺直的花材来构成,而虚拟的弧线上则选择弯曲的花材,确保轮廓清晰。花朵的图形在构建上具有空间感,利用花朵的大小或花枝长度和色彩差异,令花型呈现较强的立体感和层次感。

③强调色彩应用，色彩鲜艳，气氛热烈　西方插花艺术着重突出色彩表现，以其独特色彩特点取胜，因此彰显了合理配置花材的重要性。在西方插花中对色彩搭配常将同一色调花朵组合在一起，形成片式色彩差异，突出气氛热烈的特点。

④旨在突出作品的人工美、图案美，装饰效果极佳　西方插花强调花型整体形状，突出一种人工美，旨在装饰和美化环境。

5.2　西方传统插花基本花型

西方传统插花的花型种类繁多，主要有三角型、半球型、球型、水平椭圆型、垂直椭圆型、倒T型、L型、弯月型、S型、圆锥型及扇型等（黎佩霞，1997）。按观赏方向可分为单面观花型和四面观花型，比如三角型属于单面观花型，半球型属于四面观花型；按造型结构可分为对称式和不对称式花型，如倒T型属于对称式花型，L型属于不对称式花型。下文介绍常见的10种传统花型。

5.2.1　三角型插花

三角型插花在西方传统插花艺术中占据着极其重要的地位，属于单面观赏的对称式花型，具有稳定、大气、精美和庄严的特点，观赏性极高。三角型插花在现代商业中应用最广泛，如客厅玄关、公司前台都适合摆放三角型插花（见彩图5-1）。

插制时首先用主花将作品的三角型骨架插制出来（高度、长度和厚度），再插入焦点花，最后用散状花材和叶材点缀。具体插制步骤如下：

(1) 确定作品的高度、宽度

①号枝确定作品高度，是花器高度+宽度的1.5~2倍，垂直插于花泥正中偏后2/3处；②号、③号枝确定作品的宽度，约等于①号枝的1/3~1/2，水平插入花泥两侧（图5-1A）。

(2) 确定作品的焦点花、厚度

⑤号枝确定作品的焦点花，约等于①号枝的1/5~1/4，45°方向插入花泥；④号枝厚度确定作品厚度，长度短于⑤号枝1~2cm，水平插入花泥正前方（图5-1B）。

(3) 连线插制并填充

将①~⑤号枝进行虚拟连线，在连线处均匀插入花枝，构成三角型轮廓，最后在作品空隙处加入散状花材和叶材进行填充，直至作品饱满，三角型几何轮廓清晰，花型立体（图5-1C）。

5.2.2　半球型插花

半球型插花是西方传统插花艺术的基本花型之一，属于四面观赏的对称花型，其造型轮廓是一个圆球的1/2，外形简洁大方，给人以时尚、圆满的感觉，广泛应用于酒店、婚宴装饰、馈赠花礼等，同时也可用于花束、新娘手捧花等（见彩图5-2）。具体插制步骤如下：

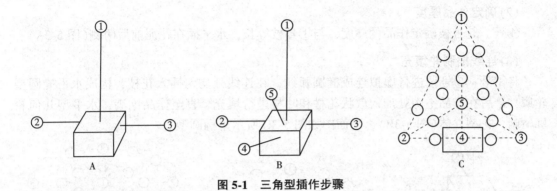

图 5-1　三角型插作步骤

(1) 确定作品的高度、宽度

①号枝确定作品高度，15~20cm，插在花泥正中；②号、③号枝确定作品的宽度，与①号枝等长，分别水平插制在花泥的左右侧(图 5-2A)。

(2) 确定作品的厚度

④号、⑤号花枝确定作品的厚度，与①号枝等长，分别水平插制在花泥的前后两侧(图 5-2B)。

(3) 连线插制并填充

将①号~⑤号枝进行虚拟连成圆弧线，在连线处均匀插入花枝，构成半球型轮廓，最后在作品空隙处加入散状花材和叶材进行填充，直至作品饱满，半球型几何轮廓清晰，花型立体(图 5-2C)。

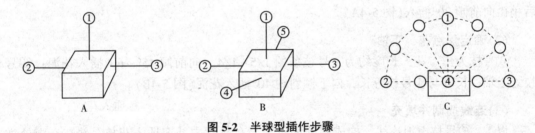

图 5-2　半球型插作步骤

5.2.3　水平椭圆型插花

水平椭圆型插花是西方传统插花艺术中常见的花型，属于四面观赏的对称花型，花型低矮，造型扁平，中央高、四面低，为圆弧型花体，俯瞰呈扁椭圆型。常用来烘托隆重、庄严的气氛，广泛应用于大型宴会、会议、庆典等，适合放置在接待室、发言席、宴会桌、会议桌等(见彩图 5-3)。具体插制步骤如下：

(1) 确定作品的高度、宽度

①号枝确定作品高度，15~20cm，插在花泥正中；②号、③号枝确定作品的宽度，一般是①号枝的高度的 1.5~2 倍，水平插在花泥左右两侧(图 5-3A)。

(2) 确定作品厚度

④号、⑤号枝确定作品的厚度,与①号枝等长,水平插在花泥前后两侧(图5-3A)。

(3) 连线插制并填充

将①号~⑤号枝进行虚拟连成椭圆弧线,在连线处均匀插入花枝,构成水平椭圆型轮廓,最后在作品空隙处加入散状花材和叶材进行填充,直至作品饱满,水平型几何轮廓清晰,花型立体(图5-3B),平面图如图5-3C所示呈椭圆型。

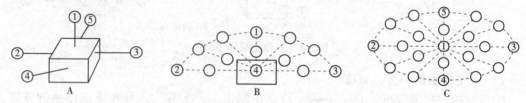

图 5-3 水平椭圆型插作步骤

5.2.4 垂直椭圆型插花

垂直椭圆型插花属于单面观赏的对称花型,其造型轮廓是一个垂直椭圆型,强调气氛,华丽、庄重,适用于教堂、典礼仪式等大空间的场合(见彩图5-4)。具体插制步骤如下:

(1) 确定作品的高度、宽度

①号枝确定作品的高度,也是此花型的上轴,高度为花器高度+宽度的1.5~2倍,垂直插入花泥正中偏后2/3处,②号、③号枝约为①号枝的1/2,在花泥两侧45°分开然后稍微向前倾30°插入(图5-4A)。

(2) 确定焦点花、下轴

④号枝为焦点花,长度约为①号枝条的1/5~1/4,向前倾45°~60°插入花泥;⑤号枝为下轴,长度与④号枝等长,向下倾斜约40°插入花泥(图5-4B)。

(3) 连线插制并填充

以①~⑤号枝虚拟连线,构成椭圆型轮廓,在轮廓内补充插入花枝,并在空隙处加入散形花材和叶材,直至椭圆型饱满,花型立体(图5-4C)。

此作品适合高器插制,花泥高出花器口5cm左右。

5.2.5 倒T型插花

倒T型插花是西方传统插花艺术中常见的花型,属于单面观赏的对称花型,强调垂直线和水平线之美,具有均衡感,完成作品如倒立的英文字母"T",适合装饰左右较窄空间的环境(见彩图5-5)。具体插制步骤如下:

(1) 确定作品的高度、宽度

①号枝确定作品高度,是花器高度+宽度的1.5~2倍,垂直插于花泥正中偏后2/3处;②号、③号枝确定作品的宽度,约等于①号枝的1/3~1/2,水平插入花泥两侧

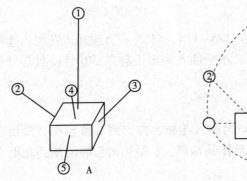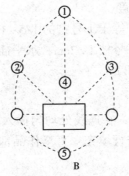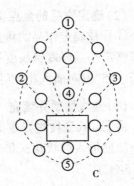

图 5-4　垂直椭圆型插作步骤

(图 5-5A)。

(2) 确定作品的焦点花、厚度

⑤号枝确定作品的焦点花，等于①号枝的 1/5~1/4，45°左右方向插入花泥；④号枝厚度确定作品厚度，长度短于⑤号枝 1~2cm，水平插入花泥正前方(图 5-5B)。

(3) 确定作品的腰

插入⑥号、⑦号枝，确定作品的腰，长度与⑤号枝等长(图 5-5C)。连线插制并填充。将①~⑦号枝进行虚拟连线，在连线处均匀插入花枝，构成倒 T 型轮廓，最后在作品空隙处加入散状花材和叶材进行填充，直至作品饱满，倒 T 型几何轮廓清晰，花型立体(图 5-5C)。

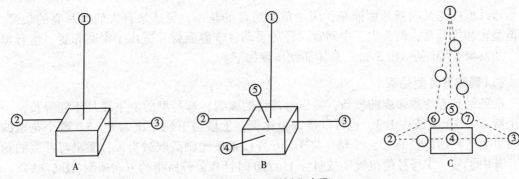

图 5-5　倒 T 型插作步骤

5.2.6　L 型插花

L 型插花是西方传统插花艺术中常见的花型，是直线型结构的不对称花型，是三角型的变化型，强调垂直线和水平线之美，完成作品如倒立的英文字母"L"，比例协调、唯美动感，适合装饰较为狭小的空间(见彩图 5-6)。具体插制步骤如下：

(1) 确定作品的高度、宽度

①号枝确定作品高度，是花器高度+宽度的 1.5~2 倍，垂直插于花泥左侧 1/3 处偏后位置；②号、③号枝确定作品的宽度，②号枝约等于①号枝的 1/5，③号枝约等于①号枝条的 2/3，分别水平插入花泥两侧(图 5-6A)。

(2) 确定作品的焦点花、厚度

⑤号枝确定作品的焦点花，等于①号枝的1/5～1/4，45°左右方向插入花泥；④号枝厚度确定作品厚度，长度短于⑤号枝1～2cm，水平插入花泥正前方；⑥号枝与⑤号枝条等长，45°方向插入花泥(图5-6B)。

(3) 连线插制并填充

将①～⑥号枝进行虚拟连线，在连线处均匀插入花枝，构成倒L型轮廓，最后在作品空隙处加入散状花材和叶材进行填充，直至作品饱满，L型几何轮廓清晰，花型立体(图5-6C)。

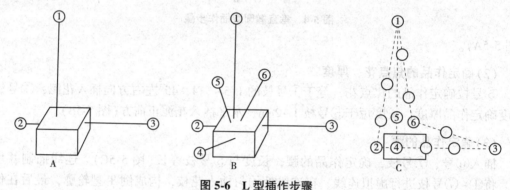

图5-6　L型插作步骤

5.2.7　弯月型插花

弯月型插花又叫新月型插花，属于单面观赏的花型，灵感来自人们对月亮的崇拜，其造型轮廓像弯月，两头尖、中间宽，轻巧灵动、宁静温馨，适用于家庭布置、生日馈赠、朋友聚会等(见彩图5-7)。具体插制步骤如下：

(1) 确定弯月型轮廓

准备好具有弯曲弧度的枝条，插作弯月型的弧线，弯月型的上下段月不能等长，一般上端占2/3，下段占1/3，也可以按黄金比例，上段与下段之比为8∶5。整个花型的宽度可为器高加口径的1.5～2倍。将①～⑥号枝条按比例截取适当长，插出弯月型的轮廓，其中①号、④号枝的位置要按时钟11∶20时针和分针所指的方向插制(图5-7A)。

(2) 确定厚度、焦点花

⑦号枝确定厚度，其长度为①号枝条的3/8(黄金比例，①号枝∶④号枝∶⑦号枝为8∶5∶3)，水平插入花泥正前方；⑧号枝为焦点花，其长度为⑦号枝的1/2左右(图5-7B)。

(3) 填充弯月型轮廓

依照弯月型曲线轮廓进行填充，注意高低错落，层次分明；在空隙处加入散状花材和叶材，直至弯月型轮廓饱满，弧线流畅(图5-7C)。

5.2.8　S型插花

S型插花是由一个正向和一个反向的两个弧度相连接而成，其造型与英文字母"S"

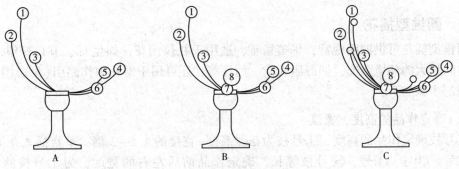

图 5-7 弯月型插作步骤

相似,可和弯月型插花相互变换,适用场合与弯月型插花类似(见彩图 5-8)。具体插制步骤如下:

(1) 确定 S 型轮廓

准备好具有弯曲弧度的枝条,插作 S 型的弧线,S 型的上下轴线不能等长,一般上端占 2/3,下段占 1/3,也可以按黄金比例,上段与下段之比为 8∶5;也可以相反,上短下长。整个花型的高度可以为器高加口径的 1.5~2 倍。将①~⑥号枝条按比例截取适当长,插出 S 型的轮廓,其中①号枝插法同弯月型,④号枝向下弯曲,构成 S 型轮廓(图 5-8A)。

(2) 确定厚度、焦点花

⑦号枝确定厚度,其长度为 1 号枝条的 3/8(黄金比例,①号枝∶④号枝∶⑦号枝为 8∶5∶3),水平插入花泥正前方。⑧号枝为焦点花,其长度为⑦号枝的 1/2 左右(图 5-8B)。

(3) 填充 S 型轮廓

依照 S 型曲线轮廓进行填充,注意高低错落,层次分明,在空隙处加入散状花材和叶材,直至 S 型轮廓饱满、弧线流畅(图 5-8C)。

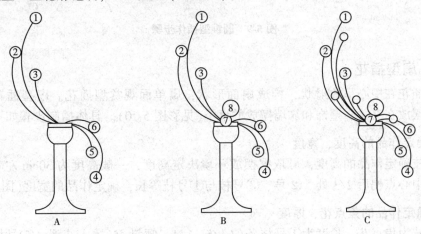

图 5-8 S 型插作步骤

5.2.9 圆锥型插花

圆锥型插花可供四面观赏，华美稳重，适用于礼仪用花，如生日、节日探望，也可用于空间较大的环境装饰，如酒店大堂、门厅等，还可用于婚礼中作路引(见彩图5-9)。具体插制步骤如下：

(1) 确定作品的高度、宽度

①号枝确定作品的高度，①号枝为花器高度+宽度的1.5~2倍，垂直插入花泥中心点；②号、③号、④号、⑤号枝等长，确定作品前后左右的宽度，为①号枝的1/2~1/3，水平插入花泥前后左右四侧(图5-9A)。

(2) 确定焦点花

⑥号枝为焦点花，长度为①号枝条的1/5~1/4，倾斜45°插入花泥；由于作品是四面观，因此可以在四个观赏面均插入焦点花(图5-9A)。

(3) 连线插制并填充

以①~⑥号枝条虚拟连线，构成圆锥型轮廓(图5-9B)，在轮廓内补充插入花枝，并在空隙处加入散形花材和叶材，其他观赏面的插法类似，直至椭球型饱满，花型立体(图5-9C)。

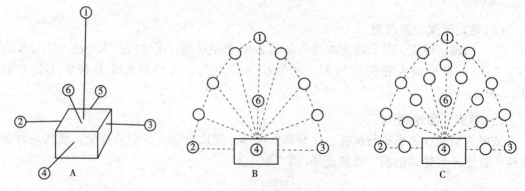

图5-9 圆锥型插作步骤

5.2.10 扇型插花

扇型插花在中心呈放射状，构成扇面形状，属单面观赏型插花。扇型插花豪华美丽，适合摆放在玄关、壁饰和靠墙摆放的桌子(见彩图5-10)。具体插制步骤如下：

(1) 确定作品的高度、宽度

①号枝确定作品的高度，可依据摆放环境决定高度，一般高度为30cm左右，垂直插入花泥中心点偏后2/3处。②号、③号枝与①号枝等长，确定作品的宽度(图5-10A)。

(2) 确定作品的焦点花、厚度

④号枝为焦点花，长度为①号枝条的1/5~1/4，倾斜45°插入花泥；⑤号枝确定作品的厚度，比④号枝短1~2cm，水平插入花泥正前方(图5-10B)。

(3)连线插制并填充

将①~⑤号枝条虚拟连线成扇型,水平方向呈弧形。并补充插入花枝使扇型轮廓逐渐饱满,在空隙处插入散状花材和叶材(图5-10C)。扇型虽然是单面观花型,但也需要注意花枝高低错落,层次分明。

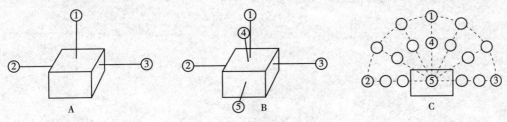

图 5-10　扇型插作步骤

以上 10 种花型为西方传统插花中广泛使用的造型。其插制方法均有规律可循,先确定其观赏面和造型结构,然后依据其几何图形,用骨架花插出图形的基本骨架,定出花型的高度、宽度、厚度,接着插入焦点花,并在轮廓线内高低错落插入其他花材、配叶,将花型轮廓填充饱满、立体即可。在基本花型熟练的基础上,可进行灵活自由的变型设计,如可将对称花型设计为非对称花型,立面花型设计为平面花型等。

本章插花操作示范见第 5 章视频资源。

思考题

1. 弯月型和 S 型的相同点和不同点是什么?
2. 倒 T 型和 L 型的相同点和不同点是什么?
3. 半球型和水平型的相同点和不同点是什么?

推荐阅读书目

1.《家庭插花》. 姜建平. 青岛出版社,2006.
2.《插花与盆景》. 王立新. 高等教育出版社,2009.

第6章 现代自由式插花艺术

现代自由式插花是传统插花的延续和派生，既源于又不拘泥于传统的花器、花材和插花手法，造型自由，灵活多变。设计手法也不断地求新求变，架构、编织、粘贴等技巧现在现代自由式插花作品中，呈现出强烈的视觉效果和独特的观赏性。这些新的技法使插花展现了新的生命力，也为花材的应用开发出更广阔的前景和更丰富的内涵。

6.1 现代自由式插花风格特点

为了区分于传统插花形式，我们将第二次世界大战后出现的自由式花型，称为现代自由式插花，简称自由花。现代自由式插花突破了传统几何构图只有一个焦点的局限，构图可有多个中心，且更注重线条和空间的变化。自由花没有固定的花型，插作者不受固定规程的约束，而是根据花材的特点、个人的感受加以自由发挥。自由花既要求插作者具有很强的观察力，也需要发挥想象力，才能既表现出花材鲜为人知的特质，又能以花材为造型元素，借鉴雕塑、建筑等空间造型艺术理念创作出新颖、打动人心的作品。

风格是符合文化思想和环境所创造出来的格式，现代自由式插花受东、西方插花艺术及其他造型艺术的影响，形成了自己独特的艺术风格和特点，可以归纳为以下五个方面。

6.1.1 插花素材丰富多样

现代自由式插花所用花材从以传统的本地新鲜花材为主，发展到引入跨国界花材，并应用大量干燥植物材料和非植物材料。下文分植物素材和非植物素材两类介绍现代自由式插花素材的常见类别及其特点。

6.1.1.1 植物素材

随着科学技术的发展，园艺学家们采用引种、杂交育种、辐射育种等手段培育了大量花卉新品种。这些色彩鲜艳、形态优美的花材大大丰富了插花的素材（黎佩霞，2002）。随着国际贸易的迅猛发展，保鲜冷链运输技术的提升，现代自由式插花选用花材打破了国界，引入大量"新、奇、特"跨国界花材，如帝王花、针垫花、木百合等，极大地丰富了作品的艺术表现力。

现代自由式插花除使用植物自然形态的树根、树枝、藤蔓等，常常会用到人工加工的植物材料，如竹篾、竹签、竹芯、木桩、木片、木板、木条、木棒、木屑、藤芯等，其中最常用的是竹篾、竹签和藤芯，其特点分别是：

①竹篾　有较好的柔韧性，可塑性强，因厚度规格不一所以张力不同，适合营造曲线感，极具东方民族特色。可选带皮和不带皮的竹篾，颜色可定制或自行喷漆上色。

②竹签　材料平价，获取方便，有较好的硬度，平铺粘贴或立体结构均适用。

③藤芯　材质较轻、有柔韧性，适合做弯曲线条的造型，承重能力较弱，以装饰性作用为主。

彩图6-1《月圆花好》使用曲线锯工具得到大小不一的圆形木板，锯缺口固定于圆桌桌沿，似满月月影依次陈设呼应主题。并在木板上方用电钻打孔，使鱼尾葵果序（龙须）从中穿过，串连木板增强统一感，且利用其柔软质感与木块生硬质感形成强烈对比。最后在木板上固定试管，向试管中插入重瓣百合、马蹄莲、蝴蝶兰等花材，完成意境为"月圆花好"的现代餐桌花。

6.1.1.2 非植物素材

现代自由式插花还引入了许多自然和人工的非植物材料，也称异质材料，如金属、塑料、纸张、毛线、羽毛、石蜡、石膏、卵石、贝壳等。这些异质材料的使用与娇艳的鲜花产生强烈对比，丰富了插花语言，便于插花者表达创作意图，拓展了插花的题材和内容，还延长了作品观赏期。常见异质材料及特点如下：

①铁丝　硬度高、尺寸齐全、支撑性好、价格便宜，但易锈。纸包铁丝柔软，可做缠绕、编织、绑扎等；胶包铁丝防锈，但表面光滑，摩擦力弱；镀锌铁丝尺寸规格齐全，但容易生锈；木棒丝光泽度高，兼具装饰性和功能性；波浪丝最细，装饰作用较强，价格低廉。

②铝丝　柔软、易塑型、质量轻、光泽好、不易锈，但支撑性较弱，易断，主要以装饰作用为主。

③铜丝　硬度高、丝径小、光泽好、柔软、易塑型，但售价较贵，故而用于新娘捧花等人体花饰作品，较少用于大型插花作品。

④纸张　常用硬纸板、硫酸纸、木纹纸、绵纸、落水纸等。为面状材料，柔软，可揉捏、折压、撕裂、卷曲，可塑性强，可营造不同的肌理感，不防水，易粘贴。硬纸板

主要起支撑作用，软薄纸张则做表面肌理装饰。如作品《裙舞飞扬》（见彩图 6-2），大量运用由白色羽毛加工而成的软薄纸张——落水纸（梦幻纸），用热熔胶粘贴包裹试管，赋予试管独特镂空肌理的同时，又巧妙隐藏了试管痕迹。

⑤塑料制品　形式多样，有吸管、亚克力、聚氯乙烯（PVC）、无规共聚聚丙烯（PPR）等，适合制作各类现代风格作品。

⑥毛线　具有独特温暖质感，有各种颜色、粗细可选，因其柔软，所以没有支撑性，需附着在支撑物上以粘贴或缠绕等方式呈现质感，适合秋冬插花作品设计。

⑦石蜡　白色，可加入彩色蜡棒进行染色，固体蜡块加热后可熔化成液体，冷却后逐渐凝固，熔点 40~60℃。加热过度时石蜡沸腾，因此加热时需注意防护，温度不可过高，否则容易引燃或飞溅。

⑧石膏　粉状，加水搅拌可成浓稠浆体，可倾倒于硅胶模具中塑形，制作各类肌理表面或底座等。

⑨羽毛　色彩丰富，造型多样，多用于装饰。编织、缠绕等用小尺寸羽毛，可营造整体轻盈柔软的质感；造型可选较大羽毛，或弯曲或直立，使作品具有独特的风格。

6.1.2　东西文化交融而不失民族特色

东方人受儒家思想影响较深，故而性情稳重内向、委婉含蓄，艺术境界寓意隐含。西方传统插花艺术强调理性和色彩，以抽象的艺术手法把大量的色彩丰富的花材堆砌成各种图形，表现人工的数理之美，装饰性强，在节日里摆设更增添热烈气氛。

随着东西方文化的相互交流、吸收，使得现代花艺的表现手法相互交融，并逐渐融为一体。近年来，传统的讲究意境美的东方插花艺术和崇尚理性、装饰美的西方插花艺术相互取长补短。东方传统插花重线条、轻色彩、留空白，清隽秀雅的艺术形式也增添艳丽的花朵，外形轮廓也追求各种不等边三角形的几何美，使作品更具有视觉冲击力和感染力。西方传统的大堆头式插花中也逐渐揉入东方的插花技法，减少花朵数量、留出空间以及插入优美的线条，在作品中运用过去几乎不用的龙柳、枯藤等木本花材。所以，现代插花作品通常是东西方艺术风格的结合，由此产生的现代几何型等形式的插花更加生动活泼，更有内涵。

作品《人与自然——精卫填海的新启示》（见彩图 6-3）把《山海经》中精卫填海这一中国上古神话，通过花艺形式展现在人们面前。作品在花材选取上别具匠心，海滩选用水生植物睡莲，鸟首选用鹤望兰，鸟身选用流线型花材。这件作品中以精卫鸟作为"人"的化身，以大海代表大自然，用"精卫填海"这个在中国家喻户晓的神话故事诠释人与自然的主题。像精卫鸟一样，人类不断地征服着自然，在尽情享受着改造大自然成果的同时，也受到自然无情的惩罚。如今，人与自然和谐相处已是全世界共同的话题，但愿人们都能成为一只理智的精卫鸟，在改造、利用自然的同时，为自己为子孙多留下一片蔚蓝色的大海。作者对花材的理解与运用恰到好处，构思精巧，造型独特，意境深远，作品形象而神似，一举夺得 1999 年昆明世界园艺博览会插花金奖。

作品《风景这边独好》（见彩图 6-4）用枯木、松枝、菊花、南天竹、空气凤梨等花材展现了广州这座花城新姿。焦点花鹤望兰犹如悦动欢歌的小鸟，让人仿佛能听见婉转悦耳的鸟鸣声。该作品造型优美，色彩搭配和谐，富有东方插花的诗情画意，获得2018年第5届中国杯插花花艺大赛"自选作品"金奖。

6.1.3　灵活、自由、多样的表现形式

题材与主题是作品的精髓，形式与手法则是反映主题的基础，它的新颖与否也很大程度上决定着作品的吸引力。各种形状和质地的现代花器，为富有创意的现代自由式插花提供了更多的选择。但花器选择要符合创作主题的要求，有很多现代自由式插花不用花器、不暴露花器、不循规蹈矩地使用花器，更或是自创容器，以便更好地突出主题。

现代创意瓶花作品《心扉》(见数字资源图6-1)虽使用传统花瓶，但仅插入两片鹤望兰叶，并将铁丝穿过叶片中脉弯曲成三角形，目的是以此支撑作为视觉焦点的圆形架构部分。制作圆形架构需先将白色毛线随意缠绕在圆形铁丝上，重点表现毛线随意交织纹理，不失通透性。随后，用麻绳修饰试管，将其用扎带绑在圆形架构前后两侧，向试管中插入蝴蝶兰、马蹄莲、火星花、翠珠花、花叶蔓长春等花材。另外，用鱼线串连异质材落水纸碎片，垂挂于圆形架构一侧，弧线优美灵动，在色彩上呼应白色架构并起到扩展空间的视觉效果。

现代立体构成作品《恣意生长》(见数字资源图6-2)用木板木条制作容器，将建筑材料腻子粉加水混合营造粗糙不平、独特的人工肌理，并在其凝固前以倾斜角度插入试管，待基底产生支撑强度后，向试管中插入花叶蔓长春、翠珠花、火星花、商陆、黑叶观音莲、熊尾草等花材。

6.1.4　广泛与深刻的创作题材

现代自由式插花的创作题材具有更广泛、更自由和更大的随意性，往往是由于创作理念不同、创作者想要表达的作品内涵不同以及花材的选用不同而呈现出多样化的主题。在传统插花中，人们往往认为插花这种艺术形式是为了在室内欣赏大自然的美丽而出现的，故插花作品意在表现自然植物景观，其他方面涉及较少。而现代自由式插花仅把植物材料作为艺术创作的元素，表现内容得到了极大的扩展。生活中的许多东西都可以作为插花的创作主题，如生命情感、空间展现、宇宙万物等。这类作品因内涵深刻、新颖，给人耳目一新的感觉，而备受人们青睐。

时代飞速发展，人类在不断地生产制造、工作及生活过程中，越来越关注自己的居住和生存环境，越来越注重自身的生活品质。当然，也特别关注地球的永续发展。环境保护意识逐渐影响各行各业，也成为现今社会的热门话题。提倡地球资源有限、环保再生、废物利用等，呼吁人类不要浪费，尽量做到物尽其用，减少废物，减轻环境污染已体现在很多设计行业中。如艺术界利用废弃的自行车的各种零件重新焊接组合成抽象的艺术品；利用废弃的报纸、纸皮代替泥土，铸成各种艺术造型；服装界利用旧衣、旧牛仔裤重新剪切，拼成时尚的服装等。

花艺界的设计也跟随时代的浪潮，花艺设计师们在保护地球环境的过程中，不断地开发创新，利用废弃的异质材料，如报纸、塑料管、饮料瓶及瓶盖、石头、毛线、轮胎、金属零件等，来创作花艺作品。环保理念得到广泛普及，创作手法上采用试管、竹

管作为保水容器，不用难自然降解的花泥。如在作品《跳动的青春》（见数字资源图 6-3）中，就运用环保的理念采用试管作为容器，首先用电钻在木板上钻孔，选用粗度适宜的镀黑铝丝穿入孔中固定，用其缠绕支撑试管，并对较细的镀黑铝丝模拟叶片轮廓进行弯曲造型，粘贴花叶芦竹叶片，缠绕修饰试管，为作品增添趣味性，最后向试管中插制月季、文心兰、翠珠花、蕾丝花、六出花、喷泉草等花材，具体插作视频见本章视频资源。

6.1.5 新奇的插花技巧层出不穷

东方传统插花和西方传统插花都不会对花材进行过多的人为加工处理。现代插花往往则相反，不注重花材的自然形态，对花材做各种非自然的处理，由此产生许多新奇的表现技巧。与传统插花相比，现代自由式插花的创作是让自然顺应创作者的创作思想，花艺作品不再是自然形象的再现，因此现代花艺不拘泥于花材的自然形态。为了表现各种不同的创作意图，现代自由式插花将花材经过捆绑、粘贴、分解等技巧创造出新的素材，在作品中常常出现锥形、纺锤形、扇形等自然植物不具有的形态。并且非常注重表现花材的色彩和质感，如采取组群、重叠等技巧来强调色块的感受和质感的对比，以产生强烈的视觉冲击力。这种对自然花材形态的改变，使得现代花艺的创作空间得到了极大的扩展，不仅用于表现自然和装饰空间，也可以用来表现心灵、情绪、幻想等，现代花艺正在演变成一门真正的艺术门类（冯雪，2019）。如在 2022 年广州国际花艺展上展出的作品《仓颉》（见彩图 6-5），设计师以中国文字创造者"仓颉"先师的象形文字构建悬挂装置架构，从而形成以中国文化内核的"和"主题造型的花艺装置艺术设计，突出"大爱中国、和谐共处"的大国民族精神。

6.2 现代自由式插花设计技巧

为了更好地表现作品需强调的要素，如质感的魅力、线条的优美、面块的表情及形态的对比或色彩的调和等，现代自由式插花会采用构架、编织、粘贴、分解与重组、组群、铺陈、加框、捆绑、透视、包卷、串连等设计技巧。这些设计技巧的运用，使得构图更加多样化，表现形式更加丰富，也更能发挥设计者的意境表达。

6.2.1 构架

构架也称架构，是用有一定支撑力度的枝、藤或非植物材料做成各种形状的支撑架，如篱笆状、网状、团状，再将花材插在构架上。现代花艺架构的构成方式可以采用编织技法，也可以采用捆绑技法；可以是立面的，也可以是平面的。架构技法的创始人德国花艺大师葛雷欧·洛许在 1977 年的世界杯花艺大赛上，第一次运用了架构技法，其独特的美丽和环保实用功能，震撼了世界花艺界。从此，架构便为世界花艺界所喜爱，成为许多花艺师的必备技能。

现代花艺作品一般都采用架构技巧来完成，架构技法的出现不仅克服了传统插花器具的局限性，还延伸了花材的使用空间，使之更具立体感，也极大地激发了创作者的设计灵感。架构在现代花艺中起着非常重要的作用，既可以装饰作品，也可以建构作品框架，增加作品的空间意义，同时营造心理空间，提升观者的心理量感。利用架构的作品往往体量大，但是节省切花花材，表达的内涵也很丰富。在构架搭建过程中要花很多时间和精力，动用很多的人力、物力和财力，可以作为一种趋势和理念演示，但较难应用于日常的花事活动和商业活动(陈佳瀛，2010)。

制作构架的材料既可以是植物材料，也可以是非植物材料，植物材料常用竹和其他植物的枝条。其中竹子具有很强的造型可塑性，是架构花艺的常用材料，竹竿笔直代表刚直不阿，竹枝青翠可有不同造型，竹篾刚柔相济可创造各种线条造型，将竹子锯成竹圈可自由组合成各种造型，竹竿中空可储水也可放置花泥或剑山用以插花，竹制品还可作为各种造型的单元如竹编等物。如作品《休憩》(见彩图6-6)，用竹子搭成构架，再把竹编的吊床置于构架之上，营造竹林小憩的悠闲之境。制作构架的非植物材料可以使用金属、玻璃、塑料、石料、纸料、陶土砖瓦料等。总之，架构材料的材质、外形要与设计作品的整体形态设计主题相协调，不能太突兀，以最大程度提升空间，使之相互配合，以免花材布局紧凑而影响作品呈现效果。

彩图6-7《未来》为第15届世界杯花艺大赛上，中国选手姚伟完成的规定主题大型构架作品，表现建筑中的和谐。构架主体为木板拼接、嵌合而成，并巧妙融合透明亚克力板，重点表现横向动势。看似凌乱的枯藤也是组成架构的一部分，柔化构架生硬轮廓，并展现出东方插花特有的自然美。该作品最具特色之处在于构架上横向安置了大量保水管，以便切花花序横向排列，进一步强调方向性与动感。花材选用大花蕙兰、蝴蝶兰、兜兰、万代兰等众多兰花，以及铁线莲、彩掌、大丽花、宫灯百合、水晶花烛等花形花色别具一格的花材，为作品更增添了神秘感和独特魅力。

数字资源图6-4作品《水墨江南》，以中国山水画作为设计作品的灵感来源，架构的主体、假山、凉亭等中式风格物件，色彩缤纷的鲜花，垂曳生姿，与架构完美诠释心中的"中国情结，江南水乡"。作品用木架构粘贴宣纸，杜仲进行粘贴构建出江南水乡青瓦白墙的建筑风格为架构，作品采用茶梅枝为上部植物的构建，体现远山的远景，中部以假山造景为背景插花，木绣球、跳舞兰、蝴蝶兰、大丽花、嘉兰构成花卉的烟雨之感；搭配下垂的植物空气凤梨、猪笼草引导视线的延伸；以面块的绿叶作为切花部分的背景。作品体现出江南古色古香的建筑，依山傍水的古朴风格，既翠绿富有生机，又淡雅休闲清净，追求与自然和谐相处，展现江南美的多姿多彩。

6.2.2 编织

编织是将柔软、有韧性、易弯曲的叶片、竹片、柳枝等植物材料或非植物材料以一定角度交织组合成块状、网状、球状，作为设计的一部分或花型的构架等。如作品《素妆》(见数字资源图6-5)中将散尾葵的叶子进行编织，形成织密厚实的块状质感，与百合花瓣轻盈娇嫩的质感形成对比的艺术效果。经过编织的材料可产生厚重的色彩感觉和线条交织变化之美，并有一定的支撑力度，可用作特殊造型。编织是用以创造重复与交叠的效果，创造出特殊表面的一种表现手法，有些类似于传统的竹席、篮筐、毛衣的编织，在作品中体现工艺美。

叶材是花艺编织的主角，常用于编织的材料有黄剑叶(见数字资源图6-6)、散尾葵(见数字资源图6-7)、春兰叶、麦冬叶、钢草等线状叶材，也可以用经处理后较柔韧的竹篾、竹丝、藤条、柳枝、麦穗等，还可以用非植物材料编织，如彩带等(徐卓颖，2019)。

编织形式既可以是紧密编织，也可以是松散编织；既可以是规则编织，也可以是不规则编织；既可以作为作品的骨架让花材附于其上(见彩图1-2)，也可以作为插花的欣赏主体(见彩图6-8)。编织是一种古老的手工艺技巧，采用不同的编织技法，掌握不同的编织疏密度，最后呈现的效果也各不相同。

6.2.3 粘贴

粘贴设计是把叶、花、果、枝或非植物材料等用胶直接粘在花器、架构上，形成不同肌理的面或体。粘贴使原本单调的花艺作品表面产生不同的肌理，在自然之中体现手工美。

常用于粘贴的植物材料有各种干燥叶片、干叶脉、树皮、细枝条等，适用期长。对一些展示时间较短的插花作品，也可采用保水性较好的新鲜花材来粘贴制作，如石斛和月季花瓣等。一些含水量较低的叶材也是粘贴的理想材料，如尤加利叶、银叶菊、绵毛水苏、沙巴叶、山茶叶、一叶兰、朱蕉等。除了自然材料外，异质材料的粘贴应用能为插花作品带来更丰富的质感，如纸张、羊毛毡等柔软可塑的扁平材料都可以应用到粘贴技巧之中，为作品带来丰富的色彩、独特的质感(徐卓颖，2019)。粘贴剂可以选用花艺冷胶、喷胶、双面胶、玻璃胶以及热熔胶等。其中，新鲜花材必须选用鲜花冷胶，枝条、干燥花材和非植物材料可用热熔胶粘连。除胶类粘贴剂外，还常用珠针穿刺固定叶片、花瓣达到粘贴效果，可理解为广义的粘贴技巧。如数字资源图6-8所示作品《芦舟》，粘贴技巧的运用于珠针固定叶片，用以遮挡、装饰花泥，相当于另辟蹊径自制的花器。作品选用黄绿相间的花叶芦竹叶片，用珠针粘贴于梯形花泥四周，作品正前方和右侧面保留叶尖部，将叶尖收为一束，做出层次分明的优美弧线，具体插作视频见本章视频资源。

粘贴方法可以是规则的，也可以是随意的，如用尤加利、大叶黄杨、银叶菊的叶片，一片压一片整齐地粘贴，可以制作出类似羽毛、鳞片状的质感，富有装饰效果。而用枯叶、树皮粘贴所体现出的色彩与肌理纯朴清新，在自然之中体现手工之逸趣(徐卓颖，2019)。数字资源图6-9所示作品运用弯曲成叶片外缘轮廓形状的铝丝粘贴落水纸，修剪加工成立体造型，依大小渐变粘贴在圆环形纸板上，呈现莲花形态，纸板背面粘贴银叶菊赋予作品不同质感，进一步插制花材完成独特的手捧花。彩图6-9所示作品也采用粘贴的技巧将PVC管粘在一起后，置于中式花瓶之上形成一个中式风格的轻架构。

6.2.4 分解与重组

分解即改变植物的自然形态，将植物器官解体，如将花进一步分离成花瓣、花蕊，或再将叶的叶脉与叶片分离，甚至将花茎剖开。分解技巧能创造出新形态的造型素材，产生奇特效果，但不利于花材保鲜。

重组是将分解后的花、叶、果、枝以另一形态重新组合。这种方法可以创造新的造型素材，产生意想不到的奇妙效果。如图6-1所示的花朵即用尤加利的叶片分解然后重组合成。合成花又叫组合花，是用许多花瓣组合粘贴成重瓣花型的合成式花艺设计。合成花具有强烈的视觉效果，常用以构成作品的主体或强化焦点，增强装饰效果，可作为插花艺术作品的焦点花。合成花也可用作为别具风采的新娘捧花，一枝独秀，奇特可爱。制作方法是：将分解下来的月季、百合等花瓣每3瓣前后交错相叠，用28号铁丝穿入固定，作为合成花的花瓣，依开放状态螺旋叠加，由内而外，即组合成一朵大型重瓣合成花（图6-2），外围可用叶材做边饰收尾（见彩图6-10）。

图6-1 尤加利叶重组花　　　　　　图6-2 月季合成花
（作者：陈青青）　　　　　　　　（作者：黄玮婷）

6.2.5 组群

组群是指把相同的花材聚集在一起插作，模仿自然界中植物群聚生长的自然生态（图6-3）。组群将同种类同色系的花材分组分区插，创造出有组织有计划的感觉，给人以整齐划一的感觉，欣赏各个不同花材的色彩、形态和质感。组群适用于各种花型，只要将同种类同色系的花材，分组（两枝以上）、分区（一个区可有两种以上不同的组群表现），但每一组之间需有距离，花的长度可高可低，视造型而定，彩图6-11《追梦年华》，整体以线条造型为主，但采用组群技巧，色彩明丽温馨，洋溢着对美好明天的憧憬。

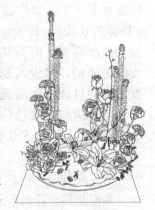

图6-3 组群技巧

6.2.6 铺陈

铺陈也叫铺垫，即平铺陈设，把剪短的花材一支紧靠一支地插在底部，用于插在底部掩盖花泥（见数字资源图6-10）。"平铺"就如字面示意，它所表现出来的是平的，没有任何的高低层次。为求变化，可使用各种不同的花材，只要高度呈一个平面即可。点状和面状的花材最适宜用来表现平面铺陈的技巧手法。应用于花艺设计时，将每一种素材紧密相连，覆盖于某一特定范围之表层，是掩盖花泥最好的技巧。需要将铺陈的范围进行区域划分，在同一区域通常使用同一种类、同一大小的素材，但每一区都有不同的质感、形态、色彩变化，避免作品产生平铺单调的缺憾，充分发挥色彩、形态、质感的设计优势。这种平面式的紧密镶嵌造型源自珠宝设计技巧，在园林设计中，广场地面及园路的铺装也是类似铺陈的设计。

6.2.7 阶梯

阶梯技巧是指将花材插出一层一层的阶梯层次感，由低向高延伸，表现花材的韵律美（图6-4）。一支更比一支高插花，就像是一级一级的阶梯，台阶与台阶之间的距离可以相等，也可以不相等，可以是直楼梯，也可以是螺旋楼梯。阶梯可以看作铺陈的变化，以点状和面状的花材较适合。花面以排序手法表现，空间与空间有落差延续及重叠效果，花面与花面之间须有些微重叠感。阶梯也属于组群技巧的一种设计，花材必须分组分区表现，盛开者置于最低，含苞者插在上部，符合植物自然生长规律。

图6-4 阶梯技巧

6.2.8 重叠

重叠是指把平面状的花或叶一片重叠在一片之上，片与片之间的空隙较小，通常用于最底部遮掩花泥，并表现花材的重叠之美（图6-5）。面状的花材是作为表现底部层次之美的最合适材料，层叠的花或叶需要大于3个；如作品《平而不凡》（见彩图6-12），秋天金黄的银杏叶被大家所喜爱，而为其输送养分和支撑的叶柄，却少人赞誉，如同默默付出的群体。作品通过重叠银杏叶，让叶柄与树枝错位重组而昂然于视觉焦点，高歌平凡，突出作品主题。

图6-5 重叠技巧

6.2.9 加框

加框是指在花形的外面加上另外的框架或直接用花材作框架，是一种营造视觉焦点的设计技巧（图6-6）。加框技巧灵感源于艺术画作的画框，可用画框、枝条、藤等。对角线方向上加框，可使空间最大。加框是为了突出框内的花材，所以加框时框内应选择有特色的花材。彩图6-13《春夏秋冬》用四个长方形镜框，描写四季不同景色，春发一枝天下醉，夏有荷香暑气清，秋赏金菊天下杰，冬有红梅送寒香，每一框就是一片景色，好似立体的画，无声的诗（蔡仲娟，2020）。

第7届上海"花之韵"国际花艺展的作品《记录空间》（见彩图6-14）把中国红的色彩、柔美线条处理的技法、"天圆地方"、中国园林建筑中的框格美学等传统文化符号，注入了现代花艺形

图6-6 加框技巧

式中，营造出园林框景空间之美。其创作理念源于照相机镜头，设计师用抽象形式模拟摄影师的镜头，在纵向连续的空间上层层延伸景深，设置五个厚重的方形结构框架。以横向构图方式，用排列密集整齐的红线牵引做框架，向世界传递"新北京、新奥运"的精神，构成一个让世界看中国的独特"镜头"。规则式加框表现出运动的力量、节奏、规则，自然式花型表达出中华民族对奥运会的信心与能力，并用热带花卉帝王花表达中华民族的热情好客。该作品具有典型的立体构成特征，站在不同角度观赏领略的空间感大为不同。

6.2.10 捆绑

捆绑技巧是指把三朵以上相同的花或枝叶用带状材料捆绑成束，表现花材的密集质感，可增强量感和结实力度感（图6-7，见数字资源图6-11）。当捆绑仅仅强调装饰效果而无实际功能时，称为绑饰，目的在于吸引观赏者的注意力。绑饰适用于花梗长、直且光滑的材料，如马蹄莲、伯利恒之星。胸花的花柄和手捧花的握把常采用绑饰这一表现技巧，既美观华丽，又能防止植物汁液污染衣物。

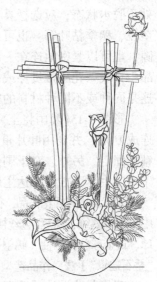

图 6-7　捆绑技巧

6.2.11 透视

透视是指将素材以镂空的方式插制，表现一种空间的穿透美感（图6-8）。用花材以层层重叠的方式创造空间，以表现空间感、朦胧感、通透感，具有立体的、多层次的展示效果。一般使用细长条状花材、叶材，不要太密，否则掩盖花体。为了充分表现透视设计的技巧，尽量选择具有线条弧度种类的花材。利用柔软的茎干或蔓藤类来做缠绕，使作品产生可以透视的空间感，并加以应用金属线，使作品具有华丽的质感。

6.2.12 包卷与卷曲

包卷与卷曲是指将植物的叶、花瓣、茎等用金属丝卷曲成筒状（图6-9），常用巴西铁、一叶兰、鸟巢蕨、钢草等。其中，鸟巢蕨包卷效果最佳，因其叶材边缘呈自然波状，极富表现力。

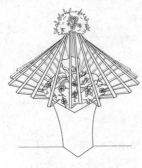

图 6-8　透视技巧

图 6-9　卷曲技巧

6.2.13 串连

串连是指将花瓣、小树枝、叶片等用金属丝线穿成串，然后用垂挂、罩、绕等手法装饰插花作品。串连设计灵感来自项链、珠帘的设计，是泰式花艺常用手法之一，如泰国供奉佛像专用花串。花艺创作中，串具除金属丝如细铜丝外，还可选用透明的鱼线、细长的钢草、具有装饰性的线绳等。然后将枝条剪成小段、将花瓣、叶片卷成小卷，用金属丝固定，然后串成长长的一串，小的花朵和果实可以直接用金属丝串连。由于花材处于脱水状态，应选择具有持久性的材料，如石斛的花瓣、红果金丝桃的果实、红瑞木茎段、秋季枯叶等，也可以串连异质材料，如装饰珠、装饰纸片等。素材之间可以有缝隙，也可以紧密地连在一起，根据串连的形式安排不同，可以有多种韵律表现在插花作品中，线条花串常贯穿或吊挂在架构上做造型、装饰，现较多用于新娘捧花设计。因串连是同种或不同种材料的密集重复，故而引人注意（徐卓颖，2019）。

彩图 6-15《暴雨将至》，选用大量横截面具天然凹凸形态的新西兰叶基部，用铁丝串连成 U 形，并利用叶片重叠空隙插制洋甘菊，以及经过翻瓣处理的洋桔梗，用花艺冷胶粘贴固定。另外，对于剩余的新西兰叶尖部，用铁丝辅助弯曲成闪电造型，用珠针固定于串连主体下方，表达主题并丰富花材形态。

现代自由式插花作品，往往结合上述技法中的几种来表现，如作品《天上人间》（见彩图 6-16）中采用天鹅绒、绿豆（金丝桃的果实）、钢草、朱蕉、'金枝玉叶'月季、'金边'大叶黄杨、石竹球、黄金球、洋桔梗、鹤望兰叶等素材运用重叠、粘贴、串连等技巧，借鉴我国园林设计中的"叠石迭景"手法，作品造型曲折蜿蜒，垂瀑而下，将花艺与园林艺术结合，尽显磅礴之姿。

现代花艺设计的造型手法是为创作主题服务的，使用时应根据作品主题和创意恰到好处地使用新手法、新技艺，才能使作品体现意境的同时又具有令人震撼的魅力。

本章插花操作示范请见第 6 章视频资源。

思考题

1. 什么是现代自由式插花？其风格特点是什么？
2. 现代自由式插花中运用异质材料能达到什么目的？常用的异质材料有哪些？
3. 常用于制作架构的植物材料有哪些？列举 5 种并写出理由。
4. 适合编织的植物材料有哪些？并尝试 3 种不同编织造型。
5. 运用粘贴技法的注意事项有哪些？

推荐阅读书目

1. 《花艺设计原理》. 葛雷欧·洛许. 北京科学技术出版社，2018.
2. 《花艺设计技巧运用》. 庄御弘. 轻工业出版社，2023.
3. 《花艺设计手册：材料与技术》. 皮姆·范·登·艾克. 中原农民出版社，2020.

第7章 节庆礼仪花艺设计

在各种礼仪活动和节庆中，越来越多地使用鲜花来进行环境的装饰和情感的表达，以体现隆重、欢乐的气氛，为喜庆之日增添色彩，为生活添加仪式感。礼仪花艺是指根据各类礼仪或者节庆的特点采用适当的花材，结合其花文化将其按照艺术的构图原则和色彩搭配后，形成一件既能表达情感和营造氛围的物品，又能充分展示花的自然美的艺术作品。

7.1 礼仪花艺基本类型

礼仪花艺属于插花艺术，是各种社交、礼仪活动中插花艺术的应用与表达，礼仪花艺的使用日益广泛，不仅在平时的各种礼仪活动中使用，还出现了针对各种节气的花礼。礼仪花艺是带动花卉产业发展的重要动力，主要的表现形式有花束、花篮、花盒等。

7.1.1 花束

花束是通过艺术构思，选择花材，经过加工捆扎成束把状的礼仪用品。因为在手中传递，携带方便，可以直接摆放或安置于花器之中，因此受到人们的青睐，成为应用最为广泛的一种礼仪花礼类型。早在先秦时代中国民间就有男女互赠花束以表达思念的风尚，《诗经》中有记载："维士与女，伊其相谑，赠之以勺药"。

7.1.1.1 花束的构成

完整的花束由花体、握把和装饰位三部分组成。

①花体 指花束上部经过艺术加工造型的主体部分。

②握把 指花束供手持的部分，是花束花体部分的延续。手柄长度以人手握感最舒适为宜，长度15cm左右为佳；体量较大的花束，为保持花束整体平衡感，握把可适当加长。

③装饰位 花体和握把之间过渡的部分，其位置为花束的绑扎位，在花束中起到补充和点缀的作用。在制作中常使用缎带、拉菲草等材料，加工成花结、花球等形状用以装饰。

7.1.1.2 花束的造型

常见花束的造型形式有单面观赏花束、四面观赏花束、单支及少量花花束、架构花束四种。

①单面观赏花束 常见的种类有直线型和扇型花束，要求花面向外，尽量不要朝着身体。单面观赏花束通常选择线型和团块型花材，制作时线型花材在上，团块状花材在中下部构成视觉焦点。制作时常用螺旋技法来绑扎，由内到外，在花枝交叉点处，执行左上右下的原则，即花体左边的花材在上面，花体右边的花材在下面，只是表现形式上让所有的花都呈现在一个面来展示。因为是单面观赏，为了美观，通常需要对背面进行包装加以装饰。包装要在材料选择、色彩搭配上与里面的鲜花相互呼应，更好的衬托花材之美，并能够保护花材，方便携带（见数字资源图7-1）。

②四面观花束 是一种在手持状态下，可以从四周任何一个角度观赏都具备可观性的花束，比较适合在公众的礼仪场合使用。从外形上可以分成封闭式与开放式两种形式。花朵密集，花束边缘齐整的属于封闭式（见彩图7-1）；而花束边缘不齐整，花材有明显高低错落感的通常属于开放式花束（见数字资源图7-2）。前者让人感觉精致细腻，后者让人感觉奔放烂漫。四面观花束采用螺旋手法制作，花束中各花枝围绕中轴心螺旋排列交于一点，花茎排列整齐统一，从中心向外侧逐渐蓬松舒展、凹凸有致、自然灵动，花束丰满空间感强，任意挪动一支花材对整体不会产生影响。通过螺旋技法制作的花束，捆扎稳固后，剪齐根部即可直立在桌面上。螺旋式花束枝杆排列固定，是制作花束最基本，也是最重要的技巧。

③单枝及少量花花束 它的使用有许多文化因素存在，通过馈赠有寓意的花材如月季、香石竹、菊花等块状花来表达情感。在教师节花礼中这种花束的应用非常广泛。因为花的数量少，因而更加需要通过包装来体现花的价值，从而也更加考验制作者的设计能力。单枝及少量花的包装原则上可以参照四面观花束和单面观花束的包装技巧（见数字资源图7-3）。

④架构花束 通过植物或非植物材料构成的框架空间轮廓支撑衔接整个花束作品，能够展现设计师更多的设计主题立意与空间造型，在作品中主导美感与价值，通过架构的手法为花束赋予不同的美学设计。架构的存在也增加了花束的审美周期，架构具有很

强的重复利用性,也体现了环保的概念(见数字资源图7-4)。

7.1.1.3 花束的包装

制作捆扎结束后需对花束进行保水处理,常用的处理方法有:玻璃纸包裹加水法、保水棉加保水袋保水法,也可以采用在切口处包裹吸水纸吸水棉等材料来进行保水。随后采用包装材料进行外包装处理,包装纸常用组合方式有两种,一是韩素纸(为主)+网纱(为辅)+牛奶棉(内衬)+玻璃纸(贮水),二是双色欧雅纸(为主)+雪梨纸(内衬)+玻璃纸(贮水);最后采用丝带结进行装饰,花束丝带结的形式有:蝴蝶结、"8"字结、法式结、波浪结以及花球结等,根据花束的性质大小选择合适的丝带完成,制作丝带结绑扎在捆绑点出。花束制作中要保证捆绑点的固定,以免花束变形。

花束包装中随着材料的不断改进,包装纸的种类也越来越多。本教材介绍常用的六种(见数字资源图7-5)。

①玻璃纸 特点:防水、透明、易塑形。用途:包装中大型花束时需要用到,常用于包裹花泥以贮水,同时起到防止水打湿外层包装纸的作用,不过目前市面上常用的包装纸基本都是防水材料。此外,由于其全透明的材质,也常用于包装单支月季,以全面展示鲜花姿态。

②雪梨纸 特点:半透明、易塑形。用途:做花束内衬,雪梨纸极易塑形,易产生褶皱,可用手轻松揉成各种形状,做内衬营造花束的蓬松感。

③牛奶棉 特点:半透明、棉质感,相较于雪梨纸质地更为柔软温和。用途:与雪梨纸相似,常常作为内衬使用,由于牛奶棉纸较为柔软,因此不能作为大花束的外包装纸。

④欧雅纸 特点:防水、不透明,包括单色、双色两种类型。用途:花束外层主要包装纸。双色欧雅纸色调丰富,可单独在花束中使用。

⑤韩素纸 特点:防水、微透、单色、光滑。用途:色调单纯,能较好地营造高级感,韩素纸的硬度较欧雅纸低。韩素纸单独使用略显单调,一般不单独使用,推荐与网纱搭配使用,既可以充分发挥韩素纸的高级感,又可以减少过多使用韩素纸带来的单调感。

⑥网纱 特点:透、质感、空间感好。用途:与其他材料搭配使用,增加层次感和空间感。

7.1.2 花篮

花篮也叫篮花,是指使用篮子为花器进行插作的花艺作品。用于插花的篮子常用藤条、柳条、竹篾、塑料、金属丝等材料制成。花篮的造型各样,其深浅大小不同,分别适用于不同的装饰场合。特别是开业、演出、迎宾、喜宴、悼念等场合应用广泛;在生日、探病、访友等活动中也随处可见表达人们各种情感的花篮。花篮按其作用可分为致庆花篮、礼品花篮、悼念花篮等,有小型、中型、大型之分。大型花篮高、宽超过1m,供就地放置;中、小型花篮,摆放在桌上或用作配饰。

7.1.2.1 花篮的类型

礼仪花篮的类型根据用途分为致庆花篮、生日花篮、悼念花篮及礼品花篮四类。

(1) 致庆花篮

单位之间、个人之间互相致贺所用的花篮都称为致庆花篮,多用在开业庆贺、开业周年纪念、大型活动的开幕式或文艺晚会闭幕式等场合。致庆既能营造热闹欢乐的气氛,又具有装饰美化效果,同时还能表达赠送者的情谊。致庆花篮最常见的有两种类型,即单面观赏型和四面观赏型,大部分是以单面观赏为主,一般为花体高度150~200cm的落地式大花篮。致庆花篮体量高大,花材多,插作时应找准骨架花枝的位置和角度,以使重心稳定。色彩上按中国的习俗采用暖色调,但要搭配协调,有主色调,花材种类也不宜太多。插作上无论花篮大小都需要考虑花卉的供水能力。构图多采用对称的扇型、等腰三角型、不对称三角型、半球型、放射型(见数字资源图7-6)。

(2) 生日花篮

生日花篮,应根据贺岁对象的年龄、性别和喜好,选择花型、花材和礼物。老人过生日称为祝寿,祝寿花篮可选用鹤望兰、松、竹、菊(以烟花菊、牡丹菊为宜,避免使用黄白菊)、针垫花、长寿花、万年青、龟背竹、红掌等花材来表达松鹤延年、健康长寿之愿(见彩图7-2);送给儿童的生日花篮可选择花材并加入气球、文具、玩具等增添童趣;送父母的生日花篮选择父母喜欢的花材、色彩,适当加入香石竹或月季表达美好祝愿。风格、花材、色彩选择上还是以贺岁对象喜好为主(见数字资源图7-7)。一般女性比较温婉,男性比较阳刚。

(3) 悼念花篮

专用丧事活动的致哀、悼念的花篮,用色按中国的传统习俗以素雅色调为主,一般使用白、黄、蓝、紫色为主进行搭配,并附以白、黑、暗绿色以及银灰色的挽联,可表现哀悼、肃穆的气氛。花材大多采用菊花、百合、月季、绣球、勿忘我搭配青松、翠柏、万年青为宜。除了平日的纪念追悼外,我国在清明节、烈士纪念日、国家公祭日,均会使用大型悼念花篮,缅怀英烈伟绩,弘扬民族精神。

(4) 礼品花篮

礼品花篮应根据所赠送对象的喜好、身体状况及季节,选择花材种类及色彩。可加入水果插制成水果花篮,也可加入蔬菜、水果,插制成蔬果花篮。礼品花篮的创制主要考虑的因素有二:一为礼品的卫生保护,二为礼品的便捷取放;而在花礼装饰方面仍将艺术表现放在首位,不能顾此失彼。用于花篮的较为理想的水果有佛手(福寿)、柠檬(青涩的爱)、金橘(大吉大利)、苹果(平平安安)、梨(牵挂)、葡萄(多子多福)、香蕉(招财进宝)、石榴(多子多福)、桃(长寿)等;蔬菜有白菜(百财)、竹笋(节节高升)、红辣椒(红红火火)、茄子(官运亨通)、玉米(金玉满堂)、藕(多子多福)、大蒜头(有钱算)、南瓜(富足)等。

7.1.2.2 花篮的制作要点

篮子是花型的构成部分，制作时应根据篮子本身的特点和花篮的用途，确定花型及花篮的主视面，并注意使篮子提手、篮口边缘、篮体、支架有藏有露，虚实结合；展示篮花本身的造型美和材质美，独具特色。

篮内放置适合的浅口花器（塑料制品较好）或铺垫不透水的包装纸，再放入吸足水的花泥，花泥应高出篮口 2~3cm，以便插水平或下垂的花枝，并将花器、花泥与花篮用防水胶带、铁丝、尼龙绳或扎带等固定好，确保花材的供水和花篮的稳定。花篮插花用的切花要求较高，茎长、整齐，对于细软、太短、姿态不适者可缠细铁丝扶持，茎枝过短时则用细竹竿加长。避免枝条相互交叉、重叠，使作品凌乱，并注意使支持物隐蔽。花枝在插制时，一般花材插入深度 3~4cm，向日葵、百合、绣球等花头较大的花材再插制深一些，以保持花枝新鲜及运输时的稳定。篮子提手或篮身高大者，也需饰以不易干枯的花朵、绿叶，增加其观赏期限；有的花篮还可加气球、装饰物等，以增加其色彩和华丽感。

7.1.3 花盒

花盒和历史悠久的花束、花篮相比，出现的时间要晚很多，相对而言比较新颖。花盒一般用纸盒或木盒作为包装，把花材放入盒中，做礼品赠送。花盒有利于鲜花的造型，同时由于鲜花插于花泥上，可有效延长鲜花的寿命。由于其独特的造型和优点，近年来受到很多花艺爱好者的追捧。

7.1.3.1 花盒的类型

（1）方形花盒

包括有正方形花盒和长方形花盒。花盒设计充分利用规矩的几何空间，在一个平面上最大限度地发挥创作者的创造性思维，体现出规律和秩序，给人带来古典与现代并存的庄重感与仪式感。展现出美丽但不过于柔美，新潮又不失庄重的气质。长方形花盒空间充分，除了平铺鲜花外，还能跟花束"完美结合"，制作出一件浪漫典雅的花礼（见彩图 7-3 花盒、数字资源图 7-8）。

（2）圆形花盒

圆形花盒因其柔和的弧度，创作出来的花礼，自带温柔的气质，有一种浑然天成的亲切感。美丽的花朵在花盒里绽放，甜美温和，很受女孩子们的喜爱（见数字资源图 7-9）。

（3）心形花盒

心形花盒既有一定的棱角，又有弧线的温柔心形，蕴藏着爱的含义，是表达爱意的利器，是恋人或者夫妻之间表达情感时的爱情信物。浪漫的爱情、羁绊的亲情、心中不知如何诉说的感情等，都可以通过心形花盒来传递（见数字资源图 7-10）。

（4）抱抱桶

抱抱桶是花盒的"升级版"，突破了花盒平行的设计，花盒里的鲜花以自然的形式，跳出盒盖的遮挡，让鲜花一目了然地呈现在观者的眼中，将它们的魅力尽情展现出来，非常引人注目。抱抱桶是一种大胆的设计，突破了束缚的尝试，极致的人性化设计。让鲜花一目了然地呈现在观者的眼帘之中，保留了鲜花最为自然的原始展现，抱抱桶花礼可以敞开心扉地表达送礼者所想要表述的情感(见数字资源图7-11)。

7.1.3.2 花盒的制作要点

根据礼品花盒确定花泥大小厚度，花材的大小高低。花盒插花如果要盖盖子，切记花材的高度不要高于花盒的边缘。在制作花盒时要在花盒底部铺一层厚厚的玻璃纸，以防湿花泥将花盒沾湿使花盒污损变形，玻璃纸不要裁剪得太低，以免漏水。花盒插花属于近观的花艺作品，非常注重当时的效果，即打开盒盖一瞬间的感觉；对花材枝条的要求不高，但对花头的要求比较高，需要使用开放度较大的，并且最好是没有瑕疵的花朵。注重整体均衡，颜色越深的花，重量感越强；所以在花材的分布上要尽量达到整体视觉均衡，可以先用颜色较深的花朵做好构图，再用浅色的花朵填补空缺。若花盒空间较小，同种颜色可以用不同的深浅变化及其不同种类的花材来表现层次和质感，以达到更好的视觉效果。可每天拨开花头加一些水至花盒底部的花泥中来保养。

7.1.4 礼仪花艺设计注意事项

(1) 礼仪花艺适用的场合及对象

首先要考虑使用的时机、场合及馈赠的对象，然后进行立意构思，来决定花材的选择、构图的形式及色彩的配置等。礼仪花艺的花材选择与其用途极为密切，需围绕用途选材，此过程是赋予作品内涵和主题的过程。如在中国，要送长者生日花篮选用天堂鸟、松枝，表达松鹤延年的主题；婚礼用花常用月季来表达新人爱情的炽烈，或用百合喻其"百年好合"等。因此，礼仪插花设计要对地域文化以及花文化有广泛的了解。

(2) 礼仪花艺设计的色彩表达

色彩设计方面，在一些特殊的节日或场合都有其传统的固定用色，如春节用红色，婚礼用红色和白色，葬礼用黄、白色等。一般的礼仪庆典则多运用多色配置、暖色配置的手法，创造出喜庆、热烈的气氛。因此要充分利用色彩学的基本知识和插花艺术配色技巧，考虑场合、季节、环境、馈赠对象等多方因素，做到追求协调而不显单调，追求热烈却不觉杂乱。礼仪插花艺术，无论是迎宾待客还是馈赠他人，必然是引起共鸣的艺术品。

(3) 礼仪花艺设计的花文化表达

礼仪花艺是用于社交场合的插花装饰，故又是种实用的插花装饰艺术。所以，在艺术设计的过程中，要考虑与其实用性相关的一些因素。人们爱花，是因为花美，是因为花中所蕴含的生命气象让人感动。虽然花并非为人而美，但人在欣赏花的自然美的过程中，总是将自身的情感体验赋予花草，因此就出现了花的拟人化和花文化。由于地域、历史、民族文化传统等的不同，人们对花赋予了不同的含义，在插花装饰艺术领域俗称花语。不同地方、不同民族，花语也有所不同(具体参见本书第2章相关内容)。在礼仪插花的创作过程中，需要尊重民族传统或地域习俗，结合花文化及花语来设计相关的作品。

7.2 中国节庆花艺设计

传统节日是早期农耕社会，先民根据日常天气和时令变化的经验，结合四季农业生活，为表达对自然社会生活的热爱之情，从而形成的祝贺和纪念方式，后逐渐演变为一种仪式、庆典与游艺的活动，在民间广泛流传，成为人们主要的庆祝时刻。节日是民族历史和文明的产物及象征，承载了民族文化的核心部分。这些流传至今的节日风俗清晰地展现了古代人民社会生活的精彩画面，也是一条精神的文脉，生生不息。

中国是花的国度，华夏是花的民族，花卉在中国传统民俗中举足轻重。我国国家法定休假的传统节日有春节、清明、端午、中秋四个。这些节日内容伴随着时令花卉的身影，表达节日里人们的情感变化、心理诉求和对和谐美好生活的向往，花卉是人们思想与情感的重要载体。

7.2.1 春节花艺设计

春节，即中国农历新年。百节年为首，春节是中华民族最隆重的传统佳节，举国欢庆，家家团圆。春节主题的传统插花从隋唐时期就开始流行起来，有着悠久灿烂的文化和历史。

春节用花主要突出辞旧迎新、阖家团圆、平安顺遂、吉祥如意等主题立意，在花材上以松、菊、梅、柏、山茶、百合、兰花、水仙、金橘等传统吉祥寓意的花木和红掌、凤梨、蝴蝶兰、大花蕙兰、鹤望兰、北美冬青等现代流行的年宵花卉种类为主进行创作；还可以搭配如意、年画、春联、中国结、古钱、爆竹、荔枝、柿子、佛手、荸荠等象征吉祥的饰物来烘托气氛，以示新春的吉庆祥和、圆满幸福。在色彩上则以红色、黄色、粉色等暖色系为主色调。春节花礼形式多样，本教材将其分为传统新春花礼和现代新春花礼两大类。

（1）传统新春花礼

从隋唐开始流行的春盘，明清时期流行的岁朝清供以及十全瓶花都属于传统新春花礼。

春盘是以葱、韭菜、薤头、大蒜、姜、蓼、芥菜、芹菜等辛味菜蔬中的五类插盘，称为"辛盘"，取"新"之意。辛盘再配以白菜等各种生菜即为春盘，取"新春"之意。辛盘或春盘在立春或春节时均适合插作，这种新春盘花的表现形式，现今再配以中国结、鞭炮、蜡烛、如意、灵芝、柿子、石榴、佛手等表达吉祥、喜庆的装饰物更能烘托节日气氛，表现中国传统习俗。春盘来自大自然的启发，其在插制时重造型，需讲究蔬菜形态及质感；重色彩，需留心蔬菜颜色的相互搭配；重空间，故在插作春盘前，可根据需要使用木块、枝干等作为支撑搭构空间进行创制。

岁朝即是春节，阴历正月初一，是中国传统的一年之始。明清时，文人流行陈设具有风雅意味的清供。清供并非美食，而是鲜花、瓜果，甚至奇石、文玩一类陈设供物。

根据摆设清供的原因，分为岁时节日的"有名之供"和平时赏玩的"无名之供"。为庆祝新春佳节陈设清供，称为岁朝清供。插花供奉于堂上，以表示对天、对祖的敬意，配上灵芝、如意、柿子等，以招祥祈福，这种传统花礼的方式流传至今。

至明流传下来的十全瓶花——"十全清供"中，十种花材分别为：松，寓意高洁、长寿；柏，冬季常绿，寓意健康长寿；梅，"梅开五福"，寓意吉祥如意；山茶，明丽高贵不畏严寒，寓意吉祥富贵；兰，"花中君子"，寓意品德高洁；水仙，金盏银台，宛若水中仙子，寓意纯洁美好；灵芝，寓意祥瑞长寿；南天竹结籽后果实颜色变成鲜艳的红色，寓意多子多福；朱柿，红色的柿子，寓意诸事如意；如意，寓意平安如意。十全瓶花寓意着十全十美的美好祝福（见彩图4-8）。

(2) 现代新春花礼

春节期间走亲拜友，互赠年宵花也是表示祝福的方式，时下俨然成为一种时尚和风俗。年宵花既可装饰家居、颐养性情，又可以表达人们对辞旧迎新、吉祥平安、富贵连年的一种美好愿望与期盼。银芽柳、北美冬青、大花蕙兰、针垫花、鹤望兰、黄金球、澳洲蜡梅等花材制作的以红黄色系为主的花礼，是商业花礼的新春主流。各种新型花器的出现也丰富了年宵花的品类。近年年宵花花篮、福桶盒，俨然成为公司前台、酒店大堂、生活居家的重要新春装饰。新春之时各大花店竞相推出年宵花礼，花艺师们通过创作构思，应用多元化材料，设计既有现代的造型元素又有中国传统的文化元素，展现新年伊始、万象更新之境的新春花礼（见彩图7-4）。

7.2.2 清明节花艺设计

清明节气一般在阳历4月4日或5日，是中华民族古老的节日，也是二十四节气中农历三月的第一个节气。"清明"含有天气清新明净的意思，清明节后雨水增多，万物由阴转阳，吐故纳新，一派春和景明之象；中国广大地区在清明之日进行祭祖扫墓、踏青游玩等活动。按照中国的传统习俗，人们为了表达对亲人的思念之情，会通过放鞭炮、焚香、烧纸等形式来进行祭奠、悼念。随着文明祭扫、绿色祭扫理念的提出，转而用鲜花来悼念逝者，寄托哀思，传递怀念之情，缅怀过去，祈祷未来。清明时节雨纷纷，一束鲜花祭故人。

清明节花礼，花材选用配色宜采用寄托思念的白色、黄色、紫色以及踏青象征的绿色为主，包装也以黑色、白色及绿色为主。悼念亲人、朋友多选用黄菊、白菊，寓意为高尚、高洁和相思之情，代表着对逝者的尊敬，用来表示哀悼，寄托哀思之情，希望他们能在九泉有灵保佑生者平安。除此之外，绿色香石竹、白色百合、白色满天星、白色小手球花（绣线菊）、马蹄莲等同色系或邻色系的花材都是清明节常用的花材。清明节花礼应是肃穆的，着力表达温馨与思念的感情。在设计上，以简洁雅致的花礼为主；资材也以环保材料为主，避免对环境造成破坏。清明节花礼的形式主要有花束、花篮和花圈（见彩图7-5）。

7.2.3 端午节花艺设计

"粽子香，香厨房。艾叶香，香满堂。桃枝插在大门上……"这首童谣所唱的，便是我国传统节日端午节。端午节，也称端五、端阳。端午节始于春秋战国时期，至今已逾

2000年历史。民间端午节的习俗活动各种各样，有赛龙舟、食粽子、系五色彩线、挂菖蒲、斗草等。端午节的代表花材有艾、菖蒲、香蒲、葵、石榴、栀子花、萱草花、午时红八种。

近年来，原本并不属于花店节日的端午节，随着传统文化复苏，越来越被花艺设计师们所重视。无论是花店售卖的商业花礼，还是修身养性的传统插花沙龙课，围绕着端午节的文化内涵，涌现出了一批精美作品，消费市场也明显比平时火爆。艾叶、菖蒲是端午花礼设计的主角。端午节本就有避邪除祟、祈福安康的文化内涵，而艾叶代表"驱蚊、辟邪、祈福"，菖蒲叶形似水剑，自古就有"斩千邪"的寓意。在传统花材的基础上，添加一些寓意美好的花草，比如香樟果——"永远护守你"，玉簪叶——"纯洁、健康"，绿石竹——"充满生机和希望"，莲蓬——"圣洁清净"，做成端午壁挂花饰挂于门头；也可以结合粽子，做成端午花礼（见彩图 7-6）。

7.2.4　中秋节花艺设计

中秋节是中国传统节日之一，节期在每年的农历八月十五日。中秋节以月之满圆，象征人之团圆，又称团圆节。在中秋节这一特殊的传统节日，人际间所赠予的礼品则不同于普通的礼品，这不仅承载赠礼人的个人情谊，同时承载着深厚的文化寓意所带来的情感。中秋礼品传情达意、传播传统文化的作用更为显著。以馈赠的方式，中秋礼物也象征着友谊和亲情，从而强化为送礼人所期望维系的感情纽带。并且随着物质文明的极大丰富，中秋节已不仅是赏月吃月饼，更多的是亲朋好友闲谈小聚、品味人生。中秋时节，花好月圆，花礼便在这个过程中孕育而生，将花艺与中秋元素融合，带给人的不仅仅是美的享受，更是心灵的升华。

中秋节花礼设计应利用独有的文化特色来进行创意设计研究，可以与中国的传统文化结合，将茶叶礼盒、月饼礼盒，甚至月亮的造型等与中秋节相关的元素加入花艺设计中。中秋花礼常用的花材有桂花、雪柳、黄栌、向日葵、月季、香石竹等，除此之外果实类的切花材料，也是中秋花礼设计的重头戏。中秋花礼的常见形式有中秋花束、中秋花盒以及家居插花和公共空间插花（见彩图 7-7）。

7.3　西方节庆花艺设计

西方节庆是指起源于欧美国家的节日，例如每年 1 月 1 日的元旦，2 月 14 日的情人节，5 月第二个星期天的母亲节，11 月 1 日的万圣节，以及 12 月 25 日的圣诞节等。下文介绍母亲节和情人节的花艺设计。

7.3.1　母亲节花艺

每年 5 月的母亲节，是让人备感温馨的节日，人们会用各种形式表达自己对母亲的敬爱和感恩之情，其中花艺作品是最能代表赤子之心的礼物（蔡俊清，2003）。母亲节花礼的形式主要有花束和花篮两种形式。

7.3.1.1 母亲节花束

母亲节花束一般可从配花、花色和花束造型几个方面考虑。香石竹寓意"母亲我爱你""温馨的祝福"(花艺在线,2014),是母亲节花束的经典主花。母亲节花束所用香石竹一般有红、粉两种:红色内敛,适宜送给中老年母亲;粉色亮丽,适宜送给年轻妈妈。以红色香石竹为主的花束,可以选配少量粉色香石竹、暗红色多头小菊、多头粉月季、浅紫色的藿香蓟以及用于协调色彩的蕾丝花等(花艺在线,2014)。如果在红色系花束中加入红果金丝桃,粒粒红果围绕着香石竹,如同孩子围绕在母亲身旁,时刻感受母爱的温暖,会更加温馨,增添节日气氛(柳维媛,2008)(见数字资源图7-12)。以粉色香石竹为主的花束,可以选配香槟月季、粉色多头月季、粉色紫罗兰、绿掌和粉绣球等,如果能在花束中加入满天星则可以让整个花束更加柔和、甜美(花艺在线,2014)。对于母亲节花束的造型,常见的有圆型、扇型和心型等,人们可以根据自己的喜好进行选配。

除了香石竹花束,母亲节这一天,也可以送上母亲特别喜爱的其他鲜花制作的花束,如代表对无私母爱赞美的百合花,代表团圆的绣球花,以及祝福母亲日子红火的月季花等。当然,也可以送上有中国特色的时令鲜花,如代表雍容典雅、高贵大方的芍药花,寓意"忘忧"的萱草花等,表达人们对母亲的深深祝福。

7.3.1.2 母亲节花篮

花篮因美观且适宜摆放的特点成了母亲节花礼的另一种主要形式。母亲节花篮主要体现浓郁的亲情和家的温馨,在花艺设计上,可以设计为清新淡雅、简洁大方的田园风和自然风造型(花艺在线,2014)。母亲节花篮,其主花也是香石竹,但其他有美好寓意的或者母亲喜爱的花材也可以用在母亲节花篮中(见彩图7-8)。此外,花篮中除了鲜花,还可配以蔬果、糕点、红酒等具有家的味道的材料,同时也可以用纽扣、丝巾、珍珠等母亲喜欢的配饰来点缀花篮,让她备感生活的幸福和美满。

7.3.2 情人节花艺

情人节是年轻人颇为看重的节日,又在中国的春节前后,人们在沿袭西方习俗的同时,往往会加入一些有特色的中国元素。情人节花礼一般有花束和花盒两大类。

7.3.2.1 情人节花束

情人节花束一般以宜携带、宜配送且有简约而不简单设计感的小巧花束为主(孟薇薇,2007)。花束的造型多为四面观的圆型和单面观的直立型。近些年,新颖的架构花束也越来越受欢迎。"浪漫与爱"是情人节永远的主题(一雯,2000),所以代表爱情的月季鲜切花常常是情人节的主打花材,所用的月季有深红色、浅粉色、香槟色以及象牙白等,高端的'蓝色妖姬'和'七彩'月季也越来越受到追捧(王业云,2017),运用不同寓意的各色花材可以设计出诸如少女风、干练风、优雅风等风格的花艺作品(见彩图7-9)。月季花的用量多为11朵和19朵,分别代表"一心一意、一生一世爱你"和"爱你到永远"

(王业云，2017）。此外，满天星代表无尽的想念，风铃草代表温柔的爱，红色郁金香代表爱的誓言，香水百合代表拥有无尽浪漫情怀，这些都是情人节可选的花材（丫头，2010）。为了确保作品的质量，花束的色彩把握是非常重要的环节，情人节花束一般有三个色系，分别是代表炽热爱情的红色系，代表温馨浪漫的粉色系和代表清新纯情的浅色系，整个花束作品包括包装纸在内的色彩至多三种，且最好是同一色系，使色彩搭配统一协调（孟薇薇，2007）。

7.3.2.2 情人节花盒（抱抱桶）

花盒（抱抱桶）因便于运输、宜于保鲜和利于构图可增加设计感的优势成为情人节花艺新宠。花盒（抱抱桶）造型各异、色彩丰富，人们可根据自己想表达的主题自由选用。情人节花盒（抱抱桶），所用花材与情人节花束相似，但为了能给人以更美好的视觉享受，制作时须注重花材之间的高低次序和色彩搭配，也可以通过线状花材或者辅材活跃画面。而对于容量大的长方形花盒，除了可以做出不同的图案设计外，也可以直接将包装好的整个花束放置其中形成更高级的作品。花盒（抱抱桶）的辅助材料一般有玩偶、水果、巧克力、棒棒糖、彩灯、多肉植物以及首饰或者化妆品等小礼物，以营造更加浪漫和甜蜜的氛围（见数字资源图7-13）。

本章插花操作示范见第7章视频资源。

思考题

1. 春节到了，你如何为亲朋好友设计一份特别的春节花礼？
2. 母亲节到了，你如何为母亲设计一份独特的母亲节花礼？

推荐阅读书目

《中国古典节序插花》. 黄永川. 西泠印社出版社，2019.

第8章 婚庆花艺设计

随着经济发展和文化水平的不断提高，人们对生活品质的要求也不断增加。婚礼是人一生中最浪漫的时刻，因此，新人们对婚礼形式的要求也向多元化的方向发展。鲜花作为美好的象征，在婚礼装饰中也越来越受欢迎，广泛受到新人们的推崇和喜爱；在鲜花的簇拥中，在亲人的祝福下完成人生最神圣的仪式。婚庆中的花艺应用也逐渐向个性化、多样化的方向发展。

8.1 婚庆花艺花材选择

婚庆花艺花材的选择原则有：一是花大，即主体花的花朵开放度大，是处于盛花期的花朵；二是色艳，指的是花色鲜艳、热烈，烘托出婚礼喜庆的氛围；三是新鲜，即花朵离开母体的时间不长，完整度好，保鲜度高，无损伤；四是寓意美好，指的是所用花卉的花语蕴藏美好的含义，如百年好合（百合）、比翼双飞（天堂鸟）、心心相印（红掌）、火热的爱（红月季）（邹春晶，2011）（表8-1）。

表8-1 常见婚庆花材与花语

花材		花语
月季	红月季	热恋、贞洁、勇气、热情、真挚、浪漫
	粉月季	初恋、优雅、高贵、感谢
	白月季	尊敬、崇高、纯洁、真挚、美好

(续)

花　材		花　语
月　季	绿月季	纯真、俭朴或赤子之心
	蓝紫色月季	珍贵、珍惜
	橙黄色月季	青春美好、活力四射、对美好生活的向往
百　合	白色百合	纯洁、庄严、百年好合、顺利
	粉色百合	高雅、清纯
	黄色百合	高贵、财富
	橙色百合	艳丽、高贵
洋桔梗		坚强和自信
紫罗兰		永恒的美与爱，代表质朴、美德
非洲菊		快乐、不畏艰难、互敬互爱、敢于追求多彩的人生
向日葵		忠诚信念、光辉、勇敢地追求想要的幸福
满天星		浪漫、思念、青春、梦境、真心喜欢
勿忘我		永恒的记忆、永恒的爱、永远不变的心
绣球花		希望、浪漫、美满、团聚
红　掌		祝福、欣喜之意、热情、关怀
石斛兰		倾慕、威严、雍容华贵、高雅优美、自然的爱
文心兰		无忧无虑的幸福，忘记烦恼
蝴蝶兰		爱情、纯洁、美丽
天堂鸟		无拘无束、自由、动人的爱情、比翼双飞、长寿健康
郁金香		爱、慈爱、祝福、美丽
马蹄莲		博爱、圣洁虔诚、优雅高贵、纯洁的友爱，以及纯洁无瑕的爱情

8.2　婚庆花艺色彩设计原则

(1) 婚庆花艺的色彩要与婚礼主题相协调

常见婚礼形式有中式和西式，中式婚礼多以红色系为主，烘托出热闹、喜庆的氛围。西式传统婚礼则以纯白色为主，体现出婚礼的庄重与神圣(邹春晶，2011)。然而，随着时代的发展，新人越来越追求婚礼的个性化，如童话般浪漫的蓝紫色、粉色系，美酒般温柔的香槟色，以及温暖甜蜜的橙色、黄色都在婚礼中屡见不鲜。在婚庆花艺策划前应做好调查，与新人沟通交流，根据他们的喜好、经历，定制属于他们的花艺世界。

(2) 婚庆花艺的色彩要与环境相协调

婚庆的会场是婚庆花艺装饰的重点场所，除了婚庆会场，还可以对新房、楼梯通道等环境进行花艺装饰，来烘托婚礼的热烈喜庆氛围。花艺色彩的选择应充分考虑与会场的装修风格、灯光、墙面、立柱、桌子、椅套等的款式色彩相协调。如会场的装修风格为中式，则可采用红+粉、红+黄、玫瑰红+红、粉+紫等色彩组合；若是西式的装修风格会场，则可用白+绿、蓝+白、粉+白、蓝紫+白等色彩组合。

(3) 婚庆花艺的色彩应遵循风俗习惯

在设计婚庆花艺时，除了考虑新人的喜好，还应遵循当地的风俗习惯，充分考虑家人、亲友的接受程度，给参加婚礼的人都能带来愉悦与美的享受(邹春晶，2011)。如福建的闽南地区喜红色，忌讳婚礼中运用白色的花艺，甚至不可穿白色的婚纱。

(4) 婚庆花艺的色彩应考虑季节因素

夏日炎热，秋高气爽，冬季寒冷，花艺色彩的设计时还应考虑季节的因素。如春暖花开时可选择粉+白、绿+白、黄+绿等清新、充满生机的色彩组合；骄阳似火时则可以采用绿+白、蓝+白、蓝+白+紫、粉+白等冷色调搭配，给炎热的夏季带来一丝凉意；秋高气爽适宜用橙+黄、红+黄、红+橙、香槟等温暖的色系；寒冷的冬季则可以使用红+橙、红+粉、红+黄、橙+黄等热烈的色彩打造一个绚烂的花艺世界。

(5) 婚庆花艺的色彩应结合新人的年龄气质

新人的年龄、气质对他们的喜好影响很大。通常大龄新人更偏爱红、橙、紫等婚礼色彩(邹春晶，2011)。而年龄较小的新人则更多的追求浪漫和个性化的婚礼，亲近自然、清新活泼的户外婚礼在年轻人中日趋流行，多采用绿+白、黄+白、粉+白等色彩组合，通过清新的色彩，营造出温馨浪漫的氛围。

8.3 婚庆花艺设计主要类型

婚庆中的花艺应用常见于婚礼现场装饰、婚车，以及手捧花、胸花、腕花、头花、肩花等人体花饰。

8.3.1 新娘花艺设计

新娘花艺设计主要包括新娘捧花、头花、腕花、肩花、腰花等。

8.3.1.1 手捧花设计

婚礼中新娘手捧花指的是婚礼中新娘专用的手持花束。新娘手捧花的设计要与婚纱相搭配，衬托出新娘的美丽，同时也烘托婚礼的热闹喜庆。新娘手捧花设计应充分考虑新娘的身材、气质、肤色、脸型、婚纱款式和色彩(王立如，2021)，以及新娘的喜好个性等，力求精致，对花艺师能力要求较高。除了新娘手捧花，伴娘和花童也常手持手捧花，伴娘和花童手捧花的花材选择应与新娘手捧花相呼应，多选择同色系花材，但体量应小于新娘手捧花，不可喧宾夺主。

(1) 手捧花造型

①球型和半球型　将花材扎成整齐的球型或半球型，造型小巧可爱(见彩图8-1)。无论是半球型还是球型，投影均是圆润饱满的圆形，亦有圆满、生生不息之意，因此是

婚礼手捧花中常见的造型。球型的手捧花可采用丝带、珠链等制作成手提式,搭配上任意款式的婚纱,均能显出捧花的明媚鲜艳、活泼可爱。

②瀑布型　花材如瀑布一般倾泻而下,线条柔美、飘逸、洒脱,搭配豪华礼服或曳地长裙,尽显新娘的端庄大气和轻盈灵动。多选用茎干较长的花材,如藤蔓等,勾勒出流畅的线条美(见数字资源图8-1a)。

③水滴型　该捧花如倒置的水滴,上部呈圆型,下部逐渐变窄,与瀑布型相似,都具有流畅的线条美,但长度较短。相比于瀑布型,水滴型更加规整沉稳(见彩图8-2)。

④月牙型　又称弯月型手捧花,给人以典雅高贵之感,适合身材高挑、纤细的新娘,搭配简洁流畅的礼服,尽显新娘端庄大方的气质(见彩图8-3)。

⑤环型　将花材扎成花环,可手持也可用丝带等做成手提式进行装饰,尽显华丽浪漫之感。

⑥心型　心型捧花,甜美可爱,代表了新人心心相印,是对美好生活的祝福(见数字资源图8-1b)。

此外,新娘捧花还可结合手包、花篮制成手袋型、花篮型(见数字资源图8-1c)手捧花,或利用树枝、叶材、金属丝、扇面等各种材料制成架构型手捧花(见彩图8-4)、手提型捧花(见彩图8-5)等。

(2)新娘捧花制作方法

新娘手捧花的制作,不同类型其制作方法不同。半球型捧花是最常见的花型之一,有较广泛的适用性,制作较容易。下文以半球型为例,介绍手捧花制作方法。

①选择花材　所用花材有红色月季、红色郁金香、'橙芭比'(多头小月季)、尤加利叶。

②处理花材　将红色月季和'橙芭比'去刺,郁金香花瓣打开,去掉花材上的叶片和残瓣;去除尤加利叶基部的叶片,使手握螺旋处无叶片。

③组合花材　先找一枝枝干较为粗大的月季做主花,用手的虎口处拿花(见数字资源图8-2a),用螺旋的手法,顺时针或逆时针加入单枝花,将红色月季、多头月季、郁金香和尤加利叶做成一个半球型的花束,应注意握紧旋转点,观察各个面,每加一枝花,调整花束高低,使花束保持圆型。同时,使各种花材的色彩分布均匀,有一定的对比度(见数字资源图8-2b)。

④所有花材加好后,用胶带捆绑成花束　留15~20cm的手把部分,去除多余的花枝。用麻绳捆扎装饰花束手把部分(见数字资源图8-2c)。露出花枝基部2cm左右,便于保存吸水。整理花材,使所有的花材舒展(见数字资源图8-2d)。

8.3.1.2　头花

自古以来,女子就喜用鲜花装饰头部发型。常见的头花造型有:单花式、新月式、花环式、小瀑布式等。婚礼中新娘佩戴的头花特称新娘头花,造型更是各式各样。鲜艳的头花搭配头纱,显得新娘更加娇艳妩媚(见数字资源图8-3)。

8.3.1.3　胸花

胸花即佩戴于胸襟的花饰,也称襟花(见彩图8-6)。胸花是宴会及礼仪活动中常见的装饰形式。婚礼中的新郎、新娘、伴郎、伴娘及新人父母常佩戴胸花。胸花应佩戴在左胸前，男士的胸花宜装饰于西服左领预留的扣眼处。胸花的体量应小巧，不宜过大，用花的数量不宜多，通常根据大小选用1~3朵花型优美的花朵作为主花，再配上少量衬花和衬叶，还可加入丝带等装饰物增添美感。胸花的花材应与新娘手捧花的花材色系相协调，可选择手捧花主花材相同的花或同一色系更小型的花材。

制作胸花时应先剪去原有茎秆，用细铁丝固定花、叶，并缠绕绿胶带加固制作成人工花柄，之后再将花叶高低组合，留5cm左右的人工花柄剪齐，最后用窄缎带缠绕修饰花柄，可根据需要加上丝带结。这种方式制作的胸花更加轻巧灵动，可随意调整花、叶朝向，花柄结合处更加干净整齐。

8.3.1.4　腕花

腕花是佩戴在手腕上的花饰。通常是把花材固定在具有弹性、舒适的丝带或珠串圈上。腕花可以是单花型，即单朵花搭配衬叶、纱或丝带等；也可以是3~5朵主花搭配衬花、衬叶制成组合花型（见彩图8-7）。

8.3.2　婚车花艺

婚车的花艺布置是婚庆花艺装饰的重点。当新人乘坐的婚礼花车车队浩浩荡荡在街上行驶时，人们在远处就可识别，增添了喜庆氛围。婚礼花车装饰的主要部位在车头（前车盖）、车尾（后车盖），车两侧、车顶、保险杠和门把手上也可做一些花艺点缀。

8.3.2.1　不同部位婚车花艺设计

(1) 车头花饰

车头是婚车花饰最重要的部分，要注意花材的体量，构图造型宜低不宜高，以低平花型为主，不得妨碍驾驶员的行车视线，只有在副驾驶座位的前方可进行适当的凸起花型设计，同时要避免开车时风大损坏花型。

车头花饰的造型很多，常见的有"一"字型（见数字资源图8-4a）、心型（见彩图8-8）、"U"字型（见彩图8-8）、"V"字型（彩图8-8）、LOVE组字、摆件造型（见数字资源图8-4b）等。在制作组字插花时，应注意每个字和图案应根据使用的花卉做密集组合。通常在插制前，提前用花泥刀刻画好相应的花泥造型，然后根据造型进行插制，也可使用现成图案造型的带吸盘的花泥。为突出组字或图案，应选用色彩对比度大的叶材或其他材料做陪衬，烘托花饰作品的效果。

(2) 车尾花饰

一般小汽车的车尾部仅为车头长度的1/2左右。车尾的花饰应与车头花饰相呼应，根据车头花饰的种类、用花数量、制作造型及色彩等来决定。若车头花饰体量较大，则车尾花饰的体量可略大；若车头花饰体量小，则车尾花饰也应相应缩小或省略。

近年来，有许多年轻人在婚前还会举办隆重的求婚仪式。求婚仪式上，车尾的车厢常成为花艺装饰的重点。一打开尾箱盖,明媚鲜艳的花饰令人眼前一亮,营造出惊喜和浪漫的氛围。

(3) 车顶花饰

车顶的面积大,制作婚车车顶花饰时,应以正面观赏为主,以车顶的两个前角作为装饰主要部位,一般做一角装饰,与车头车尾花饰相呼应协调,显示婚礼的隆重。有时可拉装饰彩带(如缎带、花边、纱等)将车头车尾联系起来,有时可用同色系小花进行简单的点缀装饰。有的花车用花量不大,只在前盖上做点缀处理,可采用彩带拉线装饰,连接车头车尾,表现飘逸灵动之感,亦可将彩带做成花球系在花车前端,增加装饰感。除了彩带、纱网,也可采用羽毛串等进行装饰,或华丽时尚或可爱浪漫,烘托婚礼的喜庆氛围。

(4) 车把手和后视镜

为使车前后花饰更好地联系呼应,可选用与车头主体花相同或同色系的花材,在车把手和后视镜进行点状花艺装饰,多为辅助装饰,使主体花得到延伸、更趋完善。通常是根据花朵大小,将一朵或几朵花,搭配满天星、尤加利、天门冬等填充花材组成类似胸花的造型,再将其固定到花车上。但由于车把手和后视镜在小汽车的侧边,行驶时风的阻力很大,因此应用丝带或缎带捆扎固定在车把手和后视镜上,防止掉落(见数字资源图8-5)。

8.3.2.2 婚礼花车保养

花车是移动的花艺作品,在婚礼场合营造靓丽风景线,但车辆行驶的过程中难免会对花材造成损伤。为在婚礼中保持最好的状态,婚礼花车应在婚礼当天一早或前一天晚上制作完成,并对花材进行保养。主要做法如下(姜猛,2011):

(1) 限制车速

为保持花艺造型不因车速过快、风速过大而破坏,婚车的行驶速度一般不超过50km/h。若路途遥远,需要在高速路上行驶,应在上路前取下车头主体花造型,到达目的地后再装上。若是刮大风的日子,婚礼花车行驶的速度则应限制在40km/h以内,同时加固主体花造型,防止风大损坏鲜花。

(2) 补充水分

由于行驶过程风速大,同时使用吸盘的花泥处于开放状态,花材的水分极易流失。因此,为保持花材的新鲜度,还应做好花车的保水处理,并适当补水。对于没有使用花泥、采用丝带或缎带等捆扎,采用点状布置在花车上的花材,应尽可能将花材插于保水管套中供水。向花材表面进行喷水也是补水和保持水分的方法,但应注意控制喷水量,喷水太多会导致花头过重,易折断。

(3) 防暑防冻

婚礼花车通常停于户外或行驶在道路上,自然的气候条件对花材影响非常大。盛夏酷暑,户外烈日暴晒极易造成花材失水萎蔫影响美感,因此停车时应尽量停在荫蔽处,并告知使用者适时给花材表面喷水以补充水分。寒冷的冬日,鲜花应做好防冻处理,尽量使用抗冻的花材。必要时可造型后覆盖上轻薄的无纺布,使用时再揭去。应注意的是,冬季,尤其是雨雪霜冻天气,切不可在花体表面喷水,防止花材结冰受冻。

8.3.2.3 婚车花艺制作方法

心型是最为常见的婚车花艺,现以心型为例介绍婚车花艺的制作方法。

①固定花泥盘 选用一个心型的花泥套装,将托盘中的花泥浸入水中,使花泥吸满水分。把吸盘安装到花泥板背面的吸扣里(见数字资源图8-6a)。

②确定作品高度 先将红月季插入心型花泥下端尖角的侧面,再取第二枚月季插入心型花泥的中心。由这两枚月季定出心型婚车花的高度和边缘的宽度。婚车车头花的高度不可以超过20cm,避免阻挡司机视线(见数字资源图8-6b)。

③制作心型形状 将红月季以铺成的手法插入花泥中,应注意花头基本在一个平面上,使月季组成一个爱心的形状(见数字资源图8-6c)。

④填充空隙 在红月季的空隙中插入'橙芭比',用以填充和掩盖花泥,高度与月季基本保持一致(见数字资源图8-6d)。在红月季和'橙芭比'之间插入尤加利叶,可适当高出半个花头,增加作品的层次感(见数字资源图8-6e)。

将心型花安放于车前引擎盖中心位置,注意放置前可用湿毛巾擦拭车的前引擎盖,使托盘下的吸盘能更好地吸附在婚车上(见数字资源图8-6f)。

8.3.3 婚礼现场花艺设计

婚礼仪式现场的布置越来越受到新人们的重视,常见的有仿真花设计和鲜花设计两种形式。婚礼现场的花艺设计包括:迎宾区、花门、路引、主舞台、餐桌区等。在花艺设计前,应确定婚礼主题,根据主题确定色系,选择花材。

8.3.3.1 迎宾区花艺设计

新人通常会在迎宾区迎接参加婚礼的嘉宾,在此和嘉宾拍照留念。迎宾区作为首个展示在宾客眼前的婚礼区域,对其进行花艺布置的装饰美化也日趋流行。常见的花艺装饰点有:迎宾区指示牌(见数字资源图8-7)、新人照片展示区(见数字资源图8-8)、迎宾签到台(见数字资源图8-9)等。

部分新人还会在门口的迎宾区设置展示空间,摆放具有纪念意义的照片、物件。如新人照片展示区,选用美式的条桌,纪念相框摆放其上,周围进行自然风的花艺设计以营造浪漫而华丽的风情(见数字资源图8-8)。婚礼现场设置的签到台也常进行花艺布置,可直接用花泥插制插花作品,也可以采用瓶花摆放于桌面上(见数字资源图8-9)。

还有一些迎宾区设有专门拍照纪念的场地,花艺是主体,如数字资源图8-10所示,门框式的木架构上清新自然的花艺设计十分引人注目,同时和周围的环境融为一体,让人不禁驻足拍照,形成婚礼的纪念热点。

8.3.3.2 花门设计

花门又称幸福门、花拱门,是西方婚礼中的常见设计,历史悠久。相爱的人携手走过美丽的花门,象征着一对新人将一起走向幸福的未来,寓意着新生活的开启。花门也是新人和宾客的留影之处。常见的花门设计有以下几种：

(1) 点式花门

最初的婚礼花门多以铁艺支架为骨架材料，可以在花门上选择几个重要的节点进行花艺装饰。暴露的部分可用纱幔缠绕点缀，除了纱幔，还可选用气球、公仔、丝帘等进行装饰，使婚礼更加时尚。

(2) 半花半纱花门

半花半纱的拱门应用较多，顶部采用花朵设计，两侧的柱子部分则用纱幔围边，增添浪漫温馨之感，相比于全花门设计，成本大大降低，因此深受工薪阶层喜爱（见数字资源图 8-11a）。

(3) 全花花门

相比于点式和半花半纱式花门，全花花门的设计更加大气，自然也造价不菲（见数字资源图 8-11b）。

(4) 纱帐花门

采用纱幔等材料制成，在四周的柱子或骨架上进行花艺装饰。纱幔随风飘起，营造出浪漫的氛围。

8.3.3.3 路引花艺设计

从门口到仪式主舞台的过道两侧的花艺布置称为路引花艺装饰（见数字资源图 8-12a）。仪式时，新人走过的过道常有聚光灯跟随，因此是当天所有来宾的视线焦点所在。过道的中间常用红地毯、水晶T台、鲜花步道等铺设，两侧的路引花艺则可作为花门的延伸，是连接花门和主舞台的桥梁。因此，路引花艺所选用的花材种类和花色应与花门和主舞台花艺相呼应，搭配上纱幔、珠链，在现场灯光的映射下，隆重华丽、美轮美奂。路引花艺有高有低，有半球型、球型、柱型等四面观赏的造型。

一些户外婚礼常在草地上进行，路引可结合绿色草坪和主舞台场景制作组合插花展示（见数字资源图 8-12b）。

8.3.3.4 主舞台花艺设计

主舞台是婚礼仪式举行的场所，也是花艺设计的重点部位。布置时应结合婚礼主题进行。

西式婚礼主舞台，如彩图 8-9"火热的爱"主题婚礼，以红色为主色调，采用红色郁金香（代表爱与祝福）、红色月季（代表爱情）、红色非洲菊（代表快乐、互敬互爱）作为主花，运用架构、绑扎、分解、铺垫等手法营造出一片火热的爱的花海，烘托出热情、甜蜜而浪漫的婚礼氛围；地面则撒满了红色的花瓣，如同花海的浪花漫卷，让新人置身于爱的海洋，幸福地走进婚姻的殿堂。

中式婚礼主舞台，如数字资源图 8-13 所示，背景墙上焦点是"囍"字花窗，花窗一角开满繁花，花上悬挂的许愿卡片是对新人的美好祝福。繁花的对角是一长条案几，案台上摆着象征着百年好合的百合花、寓意着事事如意的柿子、添丁添瓦的瓦当，很好地将花语融入花艺装饰中。

户外婚礼主舞台(见数字资源图 8-14a)的花艺布置可结合户外原有的植物材料进行,如在草地边缘巨大的桉树下举行的婚礼,主舞台用铜色钢架搭制了类似喇叭花的架构,巨大的白色喇叭向着朝阳绽放,象征着美好生活的开启。以架构为基础,装饰了清新淡雅的百合、白掌、白月季,白绿的色调组合充满了自然的野趣。

清新浪漫的户外婚礼现场,用纱帐和灯串搭建了天幕,微风吹拂下,纱帐随风轻摆。主舞台仅是一圆形小舞台,用鲜花围边,清新简约,舞台后的大屏幕是焦点所在,用于播放新人拍摄的视频(见数字资源图 8-14b)。

8.3.4 婚礼餐桌区花艺设计

婚礼场所最大的区域是餐桌区,是宾客等候、观看婚礼仪式、举杯欢庆、享用美食的场所,大部分的宾客活动都在餐桌区完成。因此餐桌区的花艺布置十分重要。

婚礼桌花布置除了花材的选择遵循婚礼花艺花大色艳、寓意吉祥的特点外,还应注意不能影响就餐者的视线,即桌花的造型不可太高(约 30cm),否则影响宾客之间的交流。传统的桌花多为水平型或半球型插花,制作较为简单、摆放方便(见数字资源图 8-15a)。现在年轻人追求时尚、华丽的现场效果,桌花的款式越来越多元化(见彩图 8-10),可复杂、可简约,如数字资源图 8-15b 所示,灯盏状白陶杯和周围户外环境很好地融合,黄月季的色彩刺激味蕾,增添食欲。

除了餐桌花,现代婚礼的宴席还常以自助餐的形式出现,可在自助餐台处进行花艺的布置(见数字资源图 8-16a、b)。应注意的是,花材的选用应保证安全、无花粉、干净整洁,色彩选用得当可刺激食欲。

本章插花操作示范见第 8 章视频资源。

思考题

1. 婚庆花艺花材选用原则有哪些?
2. 婚庆花艺色彩设计原则有哪些?
3. 新娘手捧花有哪些类型?各有何特点?
4. 婚礼花车不同部位的设计方法有哪些?
5. 如何对婚车上的花材进行保养?

推荐阅读书目

1. 《花卉装饰与应用》(第 2 版). 郑诚乐,金研铭. 中国林业出版社,2021.
2. 《婚礼策划与组织》. 郑建瑜. 重庆大学出版社,2014.

第 9 章 酒店花艺设计

酒店花艺不同于一般花店或展览花艺，主要服务于酒店大堂、酒店餐饮部、酒店客房及酒店会议室等，其构思和表现手法会因酒店等级、作品摆设环境及所服务的宾客不同而有所变化，其主要目的是装点酒店环境，营造宾至如归的舒适氛围（王绍仪，2005a，2005b）。

9.1 酒店大堂花艺设计

酒店大堂是酒店的门面，也是宾客到达酒店后的必经之处和短暂停留的重要场所，因此营造喜迎八方来客的温馨氛围是大堂花艺的任务所在。合理的花艺设计可为大堂空间增色添彩，使客人流连忘返。酒店大堂花艺包括大堂花艺、总台花艺、大堂吧花艺、大堂经理桌花等（张水芳，2015）。

9.1.1 大堂花艺设计

酒店大堂是酒店接待宾客的第一个空间，更是宾客对酒店产生第一印象的地方。随着时代发展，酒店大堂的设计理念和设计方法也在不断地发展，提供给客人的服务功能也越来越丰富。大堂花艺因酒店星级、接待档次不同，其布置手法和要求而有所区别。酒店大堂插花作品要求体量大、花材高雅，要和酒店星级相匹配且主题突出，原则上要求布置在大堂中央、可四面观赏；造型以规则的几何图形为主的西方式插花或现代自由式插花为最佳，常见的有圆型、半圆型、三角型等；可以是单体或组合式，但一定要与酒店环境相协调（王绍仪，2005a）。插花所用的几架和花器要上乘，兼以稳重、华丽、富贵。花材既可选择新鲜、色彩丰富、花朵大而艳丽的鲜花、叶，也可选择仿真花、永生花等其他材质的花材，这样不但节约成本，还可避免频繁更换，效果也非常逼真。

遇到重大节日，如元旦、春节、国庆节等，酒店大堂花艺作品的形式、花材可突破既有形式和种类，按照不同的风俗习惯和人们喜闻乐见的表现方式来装饰布置大堂。当然，如此大型的主题大堂插花布置要有鲜明的主题和明确的时间，做到应时应景、及时更换，以免给人留下时光错乱的印象。例如，元旦是一年之始，设计时可突出"一日之计在于晨，一年之计在于春"的积极意义，花材可选用迎春、山茶花、白玉兰等早春开花的材料，色彩以淡雅的暖色为基调，给人以清新自然，充满无限希望的感受。春节是我国及东南亚多国的盛大传统节日，插花要体现欢庆、快乐、祥和的主题，花材可用冬青红果（红彤彤的果实，寓意丰收与吉祥）、富贵竹（吉祥富贵）、跳舞兰（欢快跳跃）、百合（美满幸福、和气生财）、水仙（纯洁、团圆）、仙客来（喜迎贵客）等，主色彩采用中国红、金黄的暖色调，以烘托热闹的节日气氛。国庆节是伴随着新中国的成立而出现的，是国家的一种象征和一种全民性的节日形式，承载了反映中华民族凝聚力的功能，国庆节大堂插花一般选用艳丽多彩的花卉烘托热烈、喜庆的节日氛围，如牡丹（仿真花）、向日葵、万代兰、跳舞兰、石草等（见彩图9-1），体现花团锦簇、繁荣昌盛的喜气，同时还应以红色为主色调，以繁花盛世迎国庆，寄托中华儿女对祖国母亲的深深祝福。平时的大堂插花则可以选择时令花卉制作（见数字资源图9-1）。

9.1.2 总台花艺设计

酒店总台往往处在大厅最显著的位置，为对外服务的窗口，也是酒店重要的门面之一，会给客人留下深刻的印象（范正红，2019）。一般星级酒店的总台都会摆设插花作品（见数字资源图9-2），既起到装饰作用又增添热情气氛，达到"宾至如归""客走思归"的效果。整个插花作品可根据总台的走向进行多面、两侧或柱位设计，其花型和花材不受限制，但应与大堂主花相呼应，以单面观赏为佳。建议选择轻松、自然、简洁流畅的插花作品，如L型，形态似"请进"手势状，又是Love的开头字母，有表示对来宾充满爱心之意。另外，总台插花作品要加强保养和及时更换，确保作品花材新鲜。

9.1.3 大堂吧花艺设计

酒店的大堂吧一般位于酒店大堂一侧，是客人休息、等候、临时交流谈话或喝茶、听音乐的场所。随着现代酒店中的商务、会议活动日益频繁，为了让客人享受酒店大堂温馨、浪漫而安静的环境，可通过花艺设计营造大自然的气息（见彩图9-2）。多采用浮花或插花布置（严明明和王冬琴，2010），如在钢琴、吧台一角做些小品插花，或在桌子、茶几或装饰台上陈列插花作品作静物欣赏。所选用的花材应新鲜、无刺、无异味、无病虫害、无污点和不洁之物黏附，忌用有毒花材如银边翠、滴水观音等，也不可用具有浓烈刺鼻香味的花如栀子花、含笑等。

9.2 酒店餐饮部花艺设计

餐饮是人类生存与发展的基础，人类生活中最基本、最重要的活动是餐饮。随着社会生产力的发展及价值观的改变，人们对餐饮及其服务的要求越来越高，顾客也逐步从关注原材料、烹调制作、健康养生，发展到关注饮食文化，即越来越注重消费过程中五官的感受：眼——视觉享受；鼻——嗅觉享受；耳——听觉享受；口——味觉享受；心——心理享受（张水芳，2008）。酒店餐饮正处在蓬勃发展上升时期，尤其在一些商务宴请活动及政务用餐活动中，越来越多采用餐宴的方式，酒店餐饮的花艺设计越发成为餐桌上的一道风景，引人注目、不可替代。酒店餐饮首先应营造出一个舒适宜人的进餐环境，给客人留下良好的第一印象，餐厅的花艺布置愈加重要。餐厅插花根据桌子形状及摆放位置不同，又可分为中餐厅花艺、西餐厅花艺以及自助餐花艺等。

9.2.1 中餐厅花艺

酒店中餐厅是提供中式菜点、饮料和服务的餐厅，也是饭店向国内外客人宣传中国优秀传统文化、饮食文化和展示饭店水准的主要场所，格调应高雅。

9.2.1.1 中餐厅常用餐台花

按塑造餐台花形使用的物品，中餐餐台花大体可分为两大类型，一类是用餐具、菜肴、果品等精心设计的象形花台（花台即餐台花形）；另一类是根据宴会的规格、规模使用天然植物如鲜花、叶材等精心设计的鲜花台（熊瑞，2020）。

(1) 象形花台

集观赏、食用、使用于一身，操作简便易行，在传统的中餐酒席、宴会摆台中较为常用。象形花台的摆放可就地选材、灵活多样，根据宴请宾客的目的进行不同形象的设计，摆台所有的物品，如杯、盘、碟、碗、勺、筷、餐巾等均可采用，通常用餐具在餐台上拼摆成各种不同的图形或造型，并加以命名，达到顾客入目即能产生联想的效果，同时餐台摆设的花型应与冷盘协调一致。象形花台的设计与摆放需合理，清洁卫生，方便实用，既增加了台面的美观，又起到了烘托宴会气氛的作用。

(2) 鲜花台

鲜花台的摆设由于其规格、规模不同，花台花型种类繁多，花台名称也各不相同。摆设花台前，应确定餐桌大小和选用的花材品种，选用花材时，应根据宾客的风俗习惯而定，不宜使用非植物花草和有异味的花草，可使用果蔬雕刻的花、鸟、鱼、虫与鲜花配用。

9.2.1.2 中餐厅花艺要求

作为展示中国饮食文化的中餐厅多用圆桌来招待八方来客，代表家人团圆、家庭圆满,与之相对应的中餐厅花艺自然青睐适宜四面观赏,讲究简洁、对称的插花作品,以水平型、半球型为多(王绍仪,2005b)(见彩图9-3)。插花作品的设计可以根据圆桌大小、用餐人数、摆放位置及高度确定。花艺高度以不遮挡宾客视线为标准,一般插花的高度为30cm以下,以不高于客人视线为原则,整体效果柔和浪漫,轻松舒适。中餐也可采用长桌(见数字资源图9-3),花艺设计多采用新鲜花材,不宜使用干花,既不美观又掉瓣落叶,影响餐台卫生,同时鲜切花的用量不可过多,避免臃肿;也不可过少,否则显得小气。还可用艺术花器,将插花和一些具有观赏性的东西结合起来呈现,如金鱼,一动一静,相得益彰;也可随季节选择不同的花器,如夏季选用盆形或球形玻璃花器,盛上一半清水,制作浮花作品,给人清凉宁静的感觉。近几年,餐桌花艺设计已开始突破传统的样式,出现了多样化的现代花艺手法,如空中球和玻璃高脚酒杯作花器,高挑飘逸,放在桌面上,既不阻挡视线,又给人一种时尚之感;如组合式摆放设计,可结合一些雕刻工艺品或某些实物组景,也可以是相关的一组插花作品。可以根据特定的宴会主题,塑造出不同的花型,如喜宴花台、寿宴花台、迎宾宴花台等,作品的主花、配花要搭配得当,颜色搭配要协调,以免喧宾夺主。花与叶的搭配做到草衬花、花依叶,草密而不丰、稀而不疏。花材的选用要注意尊重不同民族的风俗习惯,避其忌讳,求其共性,突出季节。隆重的场合,甚至要考虑嘉宾座椅后背的装饰花,从花材选择到色彩搭配均需与桌上花艺相呼应。

9.2.2 西餐厅花艺

西餐厅大都以经营欧美菜系为主,同时兼收并蓄、博采众长,可以说是西方饮食文明的一个缩影。豪华、富丽的西餐厅讲究情调,以其独特的风格、高雅的就餐环境,为宾客营造出浪漫典雅的就餐气氛(严明明和王冬琴,2010)。

9.2.2.1 西餐厅常用餐台花

(1)中心形插花花台

中心形插花花台通常适用于"一"字形台。其插花尺寸大型为1~1.5m,中型为40~80cm,小型为20~30cm。花插应摆放在餐台正中部位。如果台形加大或台形有所变化时,应加大花插,或摆放多个大小一致、形状一样的花插。多个摆放时,一定要相互对称,使餐台整体设计既美观大方,又富有艺术性。

(2)花环式插花花台

花环式插花花台适用于贵宾宴会。它是采用环绕餐台四周,制作一个花环的方法装点布置花台。花环多用冬青和鲜花点缀,并注意颜色的协调、距离的均匀、花草品种的对称搭配。若将中心形插花花台与花环式插花花台联合使用,花台的观赏效果更佳。

(3)对角式插花花台

对角式花台是在"一"字形餐台上的右上角和左下角设置角形花台,即在餐台的右上角和左下角放置两个花插,然后由花插的两侧延伸出由大渐小的花环,花环延伸至餐台四边中心位置即可。

(4) 拉链式插花花台

在餐台的中心设有两层花插，中心花插选用 70cm 高的柱式玻璃插花器，在其顶端插摆花卉，在柱形插花器的底部设有菱形插花，形成上下呼应状，在底部菱形的长角两端用花材连接至餐台的两端，并在两端各设一个小插花器插摆花草，使之呈现一部分在餐台上，一部分下垂至餐台两侧的形状，这种花台的摆设富有丰富的立体感。

9.2.2.2 西餐厅花艺要求

由于中、西餐的传统习俗不同，饮食要求不同，其餐桌、餐具的使用和摆放等也各不相同。西餐厅多用方台或长台，其台型设计按厅堂大小和自然条件来布置。最常见的西餐厅餐桌有长方台、"一"字台等，这样的餐台大多选择四面观赏的造型插花。长桌插花长宽必须小于桌面的 1/3，且不影响用餐。台形较长时，常常需要摆放 2~3 件插花作品，如果是单数摆放，可以采取中间大两边小，有主有次；双数布置，大小要一致。西餐宴会色彩以清淡、素雅为好，色彩多以浅橙、粉、洋红、白、紫、绿色为主（见彩图 9-4）。近年来，随着中国传统文化的兴起，西餐厅的桌花也会设计为中式景观桌花（见彩图 9-5），更显中西合璧的文化意趣。

9.2.3 自助餐桌花设计

自助餐厅是客人自选自取适合自己口味菜点就餐的餐厅。其特点是供应迅速，客人自由选择菜点及数量；就餐客人多，销量大；服务员较少，客人以自我服务为主。

自助餐中一项重要的工作就是合理设计和布置自助餐台。自助餐台多用长方形餐台，自助餐台的设计一定要线条美观、流畅，既要便于客人拿取食物，又要具有艺术性。自助餐台的设计还要有层次感，摆放的食品饮料、餐具用品、装饰物及插花作品要高低错落，以尽显其美观造型和艺术感，设计餐台的插花造型时，一定要注意不宜过高，也忌太浓密和过大，避免阻碍在座宾客视线交流（张水芳，2008）。设计的时候充分利用食品本身的色彩和形状，如水果、沙拉、西点、刺生、各色饮料等，其本身就宛如一道靓丽的风景，令人赏心悦目、食欲大增。虽然插花美化、丰富了餐台的造型设计，但不能过分渲染，以避免影响和掩盖菜品，造成喧宾夺主的情形，可适当增加鲜花和绿叶来衬托，在颜色上应与餐饮品相协调，避免顺色，应有适当的反差，创造出不同凡响的高雅气氛。但作为核心产品的衬托，插花所采用的花材不宜香味过浓，避免干扰和破坏餐饮品的香味，同时餐桌是供人用餐之所，布置的鲜花应新鲜、无刺、无异味、无病虫害痕迹、无污点和不洁之物黏附。插花所使用器皿的材质、造型、价值应与餐台器具相配合、相协调，相得益彰，避免反差过大。

9.2.4 食品、果蔬雕刻花艺

插花是一门艺术，同雕塑、盆景、造园、建筑等一样，均属于造型艺术的范畴。餐台尤其长条形餐台插花中，除选用新鲜花材外，通常配有面塑、果蔬雕、黄油雕等饰物作为插花的造型组成部分。这些食品、果蔬雕刻与鲜花组成的插花、花坛、盆景，使中西餐台更加别具一格，能让宾客在视觉和味觉上获得美的享受，食欲大增。尤其是一些造型逼真、色彩悦目,并有食用和观赏价值的食品、果蔬雕刻制品,使人心旷神怡、兴趣盎然,对活跃用餐气氛也起到很好的作用。在塑造插花造型时,应注意鲜花与食品、果蔬雕刻饰物相协调,使插花的艺术欣赏价值得以充分发挥。对果蔬雕饰物,要做好保湿养护,以免因缺水造成过早枯萎。

9.2.5 酒店餐厅用花禁忌

由于各国风俗不同,在酒店选用鲜花品种上应了解不同国家的风俗禁忌(王绍仪,2005a,2005b)。如郁金香在土耳其被看作是爱情的象征,但德国人却认为它是没有感情的花;兰花是高尚的象征,而在波兰被认为是激情之花;白百合花对罗马人来说,是美与希望的象征,而波斯人却认为它是纯真和贞洁的表示;荷花在中国、印度、泰国、孟加拉国、埃及等国评价很高,但在日本却被视为祭奠之物;菊花是日本王室的专用花卉,人们对它极为尊重,可是在西班牙、意大利和拉美各国只能用于墓地和灵前;在法国,黄色的花朵被视为不忠诚的表示。所以餐厅插花在选用花卉时,一定要了解客源国的风俗,掌握相关知识,选用适宜的鲜花点缀餐台,美化餐厅。同时餐厅用花与饭店、酒楼的档次级别有关,因此在花材原料选用上也有差异。

餐厅在摆放鲜花时应注意卫生,勤换水,定期更换鲜花,切记不能在餐厅餐台上摆放凋谢的鲜花。

9.3 酒店客房花艺

客房是宾客在酒店住宿期间最主要的生活和休息场所,也是最能体现酒店服务品质的功能空间。通过花艺设计来装饰客房,不仅能美化宾客的生活空间,还能带给宾客轻松愉悦的心情,让宾客对酒店留下宾至如归的美好印象。

9.3.1 客房插花形式

对于一般客房,可根据客人不同国籍、不同文化背景的要求进行插花形式的选择。作品的大小及形式也应视房间内不同位置如梳妆台、茶几等位置而定,东方式、西方式、现代自由式插花均可。有时为求简约,也可直接将一种或几种鲜花插在装有清水的玻璃花器里水养,均能体现出独特的韵味和美感。对于总统套房,由于套内功能多、房间多,可根据不同功能、不同环境配备不同形式的花艺作品。但原则上,总统套房要选用比较名贵的花材,插制要精细,以营造高雅、贵气的氛围。需要注意的是,为卫生和防止水果释放乙烯对鲜花的促凋谢作用,制作花果篮时应避免鲜花直接接触水果;另外,花艺作品要注意防渗水,避免污染茶几、房间地毯等。

9.3.2 客房插花花材选用

客房是宾客休息和睡眠的场所,插花所用花材应与之功能相适应,且需具有亲近感和美好寓意。选用注意事项主要有以下三点:

①花材应新鲜、无异味　客房花艺设计一般选择对人体无害、无异味、色彩柔和的

花草，花艺造型以简洁明快为主。切忌选择有浓味或刺鼻气味的花材，以免影响客人睡眠。骨架花材可选用唐菖蒲、蛇鞭菊、紫罗兰、薰衣草、青葙、水蜡烛叶等，焦点花材可选用鹤望兰、红掌、蝴蝶兰、百合、月季、花毛茛、香石竹、非洲菊等，填充花材可选用满天星、黄金球、文心兰、文竹、蓬莱松、洋甘菊等。其中，月季气味疏肝解郁，薰衣草气味安神助眠，洋甘菊气味减忧助眠。选用温和色系花卉如浅香槟色系的'雅典娜'月季、白色系的'雪山'月季、粉色系的'粉红雪山'月季、浅紫色的'海洋之谜'月季等，可以营造舒适温和的睡眠环境。

②选用花材应注重其寓意　客房花艺设计选用具有美好寓意的花材，能够传递文化内涵，提高酒店品位，使客人获得精神上的愉悦。如兰花的清雅脱俗、荷花的朴素高洁、松柏的坚韧与常青、牡丹的富贵与吉祥、竹子的高尚气节、向日葵的明朗等。

③选用花材应注重其质感　由于客房空间较小，拉近了客人与花艺作品的距离，采用多种质感的花材，能充分调动客人的多重官能感知，触发他们亲近自然的欲望，从而缓解精神压力，体现园艺疗愈中的视觉、嗅觉、触觉等多感官刺激，但要注意与酒店装饰元素相协调，如可选用毛绒质感的银叶菊、青葙等，透明质感的虞美人、小苍兰、星芹等，刺质感的刺芹、蓬莱松等。

9.3.3　酒店客房花艺布置

通常星级酒店对客房花艺会有较高的设计要求，且多设置在指定区域，在客人入住前配备套房会客室花艺、卧室花艺、浴室台面花艺来营造温馨舒适的就寝环境。

9.3.3.1　会客室花艺

会客室是接待客人的空间，要求营造出热情、友好的气氛，花艺作品的造型需端庄大方、别致精巧，色彩需明快艳丽，用花量大。精心制作的花艺作品不仅能给会客室空间增加色彩，而且常常成为来访客人的视觉焦点。

客厅有许多可以用鲜花进行装饰的地方，以沙发为基点，周围的茶几、桌子、电视柜、窗台等都是展现花艺的理想位置。在花艺设计时，除了考虑花色与花器的搭配适宜外，花卉的寓意、芬芳香味也可列入选择的重点。下文介绍两种会客室花艺。

（1）茶几花艺

茶几花艺一般不宜过大，高度在 40cm 以下，不能遮挡住客人交谈视线，应以能四面观赏的水平型、菱型、半球型或小型的中式花艺作品为佳，具体视环境风格而定。彩图 9-6 所示茶几花艺为中式瓶花，以粉色芍药作为主花，与白色的波斯菊相映成趣，造型简洁、色调清新淡雅，适用于中式风格的会客室。

（2）玄关花艺

玄关空间通常比较狭窄，不适宜摆放体积过大的作品，多以单面观的花型为宜。创作时应结合室内家居空间环境设计的整体风格，同时考虑季节的变换或节日的氛围，给人以美好的印象。彩图 9-7《尽显芳华》所示为中式平出型双筒花，采用大叶黄杨为线条花，郁金香、香槟月季为主花，小菊、鸢尾叶、松枝为辅材，线条简洁流畅，造型婉约生动，枝叶生韵，色调雅致，充分体现了中国传统插花的意境美和自然美，放于中式风格的客房玄关处，尽显国风之美。

9.3.3.2 卧室花艺

卧室是宾客休息、睡眠的空间，在家具和用品的陈设上都注重一个"静"字，花艺装饰布置更要突出宁静、温馨、舒适的特点，充分发挥花艺陈设的疗愈功效，以利于睡眠和缓解疲劳（王绍仪，2005b；江志清，2009；范正红，2019）。卧室面积有限，在花艺作品的选择上应以体量较小的作品来装饰。装饰位置有床头柜、电视柜、梳妆台等。花材应以简洁、素雅且文静为主，宜选用色彩素雅清淡、无异味或浓香的花卉；切忌色艳和花多，一方面不利于睡眠，另一方面，也影响空气质量。采用安神助眠花材或者毛绒质感花材能够营造轻柔感，给宾客带来心理层面的愉悦与温馨。如数字资源图9-4所示的卧室花艺作品，为现代自由式花艺，采用非规则的半球型设计，小巧精致，毛茸茸的绿毛球和卷曲的钢草给人以可爱、温馨的感觉，奶粉色的蝴蝶兰犹如翩翩飘落的蝴蝶，活泼俏皮。作品整体营造了亲切、舒适的睡眠环境，容易使人进入温馨而甜蜜的梦乡。

9.3.3.3 卫生间花艺

卫生间是客房的一个重要空间，一般卫生间的活动空间较小（目前三星级以下饭店标准间的卫生间空间仅为$4m^2$），因此，卫生间插花的造型应与空间大小相适应，不能太大。花艺作品通常陈设在洗手台台面。由于台面为狭长形，大理石质地，应选用明度高、叶材修长、简洁清雅的花材，色彩以绿色系、白色系、粉色系为主。可利用挺拔感叶材打造视觉延伸，获得空间上的纵向延伸感，容器的颜色和质感也应与台面质地相呼应，以光滑、轻柔的玻璃、陶瓷和金属容器为宜（见彩图9-8）。

由于卫生间空间小，湿度大，一般选择耐阴湿性的观赏植物，既能增添绿意，又能吸除异味，如巴西铁、富贵竹、绿萝、肾蕨等；主花可选用马蹄莲、月季、百合、蝴蝶兰、郁金香、风信子、绣球等。

9.4 酒店会议室花艺

酒店的会议空间是承办各种商务会议、学术会议等的场所，氛围正式、严肃。在这样的环境里，通过陈设花艺作品，能够舒缓会场紧张的气氛，使参会人员的精神得到放松，并有启迪思考的作用。

会议室花艺根据陈设场所可分为会议讲台花艺、会议桌花艺和会议厅环境花等（王绍仪，2005b；陈惠仙，2007）。造型通常以宜四面观赏的西式插花为主，多为对称式，可分为水平型、瀑布型、L型或三角型。

9.4.1 会议室花艺花材选用与摆放

会议室花艺的花材选择、造型及摆放应与其功能相适应。花材应选用花大、新鲜、艳丽、无异味或浓香的花材。且选用的花材一定要与会议的主题相吻合，环境风格统一，色彩搭配合适。当接待他国参会人员时，花材应考虑当地文化习俗，如欧洲许多国家忌用菊花，日本人忌用荷花等。

一般会议只需在主席台位、茶几处、拐角处插制花艺作品，但高级会议应在两侧小茶几添置较小型的配花。大型会议桌中间空位可采用园林造景的手法进行组合式插花。花艺师应该考虑会议场地的大小、环境、与会人员的爱好、信仰以及习俗禁忌来布置插花。一定要注意高度不能遮挡双方交谈的视线。

9.4.2 会议讲台花艺

会议讲台花艺多见于会堂、剧院、课桌式会议空间，在此空间中，讲台为重点区域。此处花艺陈设在色彩上宜采用对比色营造悦目观感，色彩以黄、橙、蓝、白为主导。特别需要注意的是，高度不能遮挡演讲人的脸部（见彩图9-9）。

(1) 花材的选择

讲台花艺设计宜选用高档花材，焦点花以大朵、简洁为好，如百合、月季、红掌等。插花不可以太高，以免遮挡视线。朝下插的花枝应尽量选择轻灵柔软的花材，如石斛兰、跳舞兰、常春藤、黄剑叶、巴西叶、尤加利叶、文竹等。

(2) 花型的插制

讲台一般比较高，以瀑布式下垂型插花最为常见，一般上部为扁平状，可以居中平铺整个演讲台，下部窄，花材高低错落，愈往下花朵愈稀，呈不规则形状。瀑布型下垂桌花可看作是一个水平形与三角形的组合，插制时应先勾勒出轮廓后再插制。花泥应留出足够高度，安放得厚、高一些，以便于下垂花枝的插制。插花作品的体量应结合会议的场所和环境来决定，造型的大小会影响花材的选择，要求用花适宜，花型丰满。

9.4.3 会议桌花艺

会议桌花多见于30人以下会议长桌或10人以下培训性的会议圆桌，陈设的花艺作品应采用对称式，美观、大方、简约，色彩以冷色系为主，营造清爽、明朗的参会气氛。

(1) 花材的选择

会议桌花在花材选择上需要注意的事项有：花新鲜且无异味，高度切忌遮挡与会者发言或交谈的视线。中空型会议桌可在中间布置丛式插花或者观叶类绿色植物。

根据会议档次不同，确定花材的种类。插制会议桌花时，常用的骨架花材有月季、非洲菊、香石竹、洋桔梗、剑兰、紫罗兰、蛇鞭菊、跳舞兰、石斛兰、散尾葵叶等；常用的焦点花材有百合、红掌、天堂鸟、绣球、花毛茛等；常用的主体花材有月季、非洲菊、香石竹、洋桔梗、百合等；常用作填充的花材有满天星、黄莺花、红果金丝桃、石竹梅等，叶材有尤加利叶、银叶菊、天门冬、高山羊齿、春兰叶、鸟巢蕨、巴西叶、龟背竹、栀子叶等。

(2) 常用花型

会议桌花常采用花型低矮、宽阔、四面观的西方式水平型插花，中央部位的花枝不可太高，周围的花枝渐低，形成中央稍高、四周渐低的圆弧型插花体，花团锦簇、豪华富丽，适宜摆放于会议桌中央。水平形桌花的高度一般低于30cm，桌花的长和宽根据会议桌的长、宽来确定，一般造型长度的纵轴占桌面长度的1/4~1/3，宽度为长度的1/3~1/2。造型必须保持前后的对称状态，表面形成自然的弧面，展现一种平静温馨的氛围。基本形式有半球型、椭圆型、等边三角型，花型最好与会议桌形状相协调，如圆桌宜用半球型，长桌宜用椭圆型、长条型设计。方形中空式会议桌花艺可采用园林造景的手法进行组群插制，形成高低错落的微缩园林景观，但一定注意高度不能超过双方的对视线。彩图9-10中所示为自由式长条型会议桌花。如置于沙发转角处茶几上，需用高型花器，也可用东方式插花。

9.5 酒店其他空间花艺设计

除前文介绍的酒店大堂、酒店餐饮部、酒店客房和酒店会议室花艺外，酒店其他空间花艺设计还包括过廊区花艺设计、电梯等候区花艺设计以及衔接各功能空间的公共性区域花艺设计等。这些区域人流量大，陈设的花艺作品宜运用对比色系花材以营造醒目视觉，起到引领视线和交通的作用。

9.5.1 过廊区花艺设计

酒店过廊是衔接功能空间的过渡区，在此处陈设花艺作品有缩短可达路线的视觉效果。一些宾馆为节约成本，会采用在过廊区条案或台柱上摆设盆景或盆栽，以避免每周换花。五星级酒店则比较讲究，常会摆设鲜切花插制的花艺作品，但一般以单体作品为好，体量不宜太大。为避免单调，需经常更换不同器皿、不同花艺进行装饰，可显示酒店高雅的格调。过廊区花艺设计形式主要有台面花、壁挂花、悬吊花花艺。

台面花一般陈设于走廊两侧的台柱或条案上，或陈设于走廊尽头的玄关桌上。根据酒店环境色调、风格及台面质地，可选用现代花艺或东方式传统插花。例如，数字资源图9-5为酒店内过廊区陈设的中式传统插花，作品采用黑色陶器瓮作为花器，与深色木质台面相呼应，所用绿色叶材、枝条、果实及枯木均采自山野，橙黄色的菊花如透过森林的晨光，整个作品充满了自然情趣。

壁挂花一般用于酒店有挑高层的过廊，以丰富空间层次。另外，在过廊区两侧墙面上还可采用壁挂花（见数字资源图9-6）进行装饰。设计时要掌握其与所布置环境的一致，即自然、协调。由于壁挂花和悬吊花（见数字资源图9-7）一般悬挂在较高处，采用鲜花布置不方便固定和调换，因此，为节约成本和人力，常用干花、仿真花等来代替鲜花。

9.5.2 电梯等候区花艺设计

酒店电梯等候区人流量大，该区域的花艺陈设有助于缓解等待的焦躁感，也能给人"开门见喜"的视觉愉悦（熊瑞，2020）。花艺设计可以是过廊区台面花、悬吊花或壁挂花艺的延续，也可以是一个单体，可采用地面构架花艺形式陈设，也可置于电梯转角台桌上，具体视环境而定（见数字资源图9-8）。为节约成本，酒店也常摆放蝴蝶兰、富贵竹、散尾葵、万年青及螺纹铁等耐阴绿植，也具有一定的观赏价值。

本章插花操作示范见第9章视频资源。

思考题

1. 酒店大堂各部分的插花有哪些要求？
2. 酒店客房花艺设计在花材选择上需要注意哪些问题？
3. 会议空间花艺设计包括哪几种？常见花型有哪些？插制时有哪些注意事项？

推荐阅读书目

1. 《宾馆酒店花艺设计：①公共空间》. 王绍仪. 中国林业出版社，2005.
2. 《宾馆酒店花艺设计：②生活、会议空间》. 王绍仪. 中国林业出版社，2005.

第10章 作品鉴赏与评比

花卉是美好、幸福、吉祥的象征,从古到今,世人皆爱花。对花的欣赏,是一种复杂的艺术审美活动,有其自身的特殊规律,赏花,必先知花。一方面欣赏作品的自然美,即为色彩美、造型美、香味美;另一方面欣赏作品的意态美,由人为映射到花卉作品自身的主观情感,花与物与心的契合。

10.1 作品鉴赏

插花艺术作为一项艺术创作活动,是自然美和艺术美的完美结合。花艺作品社会效益和经济价值通过鉴赏这一共通感的审美活动而得以实现。创作插花艺术作品使欣赏者关注自然的感性能力提升,转而又导向对自然和艺术更丰富的审美鉴赏。

10.1.1 鉴赏环境

陈列环境的选择与布置是插花艺术中不可缺少的一部分。环境的选择与布置,应根据具体的陈设场合和插花作品布置目的而定。插花作品多数情况下选择在室内环境中摆放,避免自然环境的影响。陈设环境,应具备以下条件:

环境整洁明亮,空气流通,避免日光直射,具有适宜的室内温湿度。空气清新,有利于花材的正常生理活动,延长观赏期,避免烟雾以及不良气体对作品的损害;光照光线以散射光较适宜;温度调控在15~20℃比较适宜;可以适当用加湿器提高空气湿度。

陈设方位考究。陈设在室内引人注目的位置,如客厅的茶几上、迎门的玄关、书房的书案上、酒店大堂等处。单面观的作品，要放在有背景的位置；四面观的作品，要放在可四面观赏的位置。作品陈设位置高度因观赏点而定，大部分作品一般适于平视欣赏；下垂式构图作品可放置于角隅处的高几上，适宜仰视欣赏；壁挂式的作品，可于空间适当处悬挂起；浅盘写景式作品需陈设于低于观赏者视线的位置上，以便看清作品的全貌和细部景致。

背景与陈列台简洁雅致，陈设环境风格与作品风格相协调，留有足够的欣赏空间。不可使用色彩艳丽或图案繁杂的背景和陈列台面，会对作品造成严重干扰，看不清作品的造型，起到喧宾夺主的破坏作用。在展览中背景可以适当地采用框景的设计方式，增加作品的成像画面感。东方风格的插花花艺作品，陈设在中式环境中，摆放在红木条案、八仙桌、花架等中式家具上，以增加古朴典雅的东方韵味；西式插花花艺作品，陈设在装饰考究的西式环境中，也会特别得体；现代插花，陈设在现代环境中，符合现代的审美情趣、时尚追求，更容易得到人们的心理共鸣，产生良好的艺术效果。作品陈设时作品与作品之间要留出适当的间距，以免相互影响；同时也要留出适当的安全观赏距离，保证欣赏者既能看清作品的细部，又能看清作品的全貌，并且不触碰到作品的安全距离。

插花是创作者内心情感外露的艺术创作活动，讲究人与花的"对语"。营造恰当的鉴赏氛围，更能激发欣赏者对作品的了解，对插花艺术美的感悟。

10.1.2 鉴赏方法

插花艺术作品的欣赏，是一种静态化的欣赏，需要有时间驻足停留对每一件作品细细品味。要保持环境的安静和优美，不可喧哗嘈闹，不可触摸移动作品。

(1) 视距

欣赏作品的整体构造、色彩等整体状态，观赏距离一般距作品 1.5～3m；欣赏作品的技巧和处理手法，观赏距离一般距离作品 0.5～1m。距离得过近或过远，不易看清楚花艺作品的整体原貌和创作技法。

(2) 视角

视角的选择要根据作品的造型和摆放的位置而定，大多数作品以平视为主；部分下垂式造型作品则需摆放在视线以上的高处，仰视欣赏才能看到作品的最佳观赏面；另有部分水平式造型的作品，适宜摆放在视线以下的茶几上或其他低矮处，俯视欣赏才能获得最佳效果。

(3) 时机

由于插花花材的时效性，使得插花艺术是短暂且具有生命变化的艺术表现形式。作品完成后，应在当天或者 1～2d 内欣赏、品评最好。在这期间，花材最为清新鲜美。如果时间过长，花材凋落枯萎，直接影响作品的表现力和观赏性。

10.1.3 鉴赏方式

插花是以天然花木为素材，创造灵奇的一种艺术创作。历代中国人都倍加赞赏，常以高歌吟咏，呈其志趣，达到赏心悦目的目的，鉴赏方式随时代发展而异（黎佩霞，2002）。

(1) 曲赏

赏花咏歌，为唐代所好。《花九锡》中"翻曲、新诗（咏）"就是一例。以新编的曲子与脱俗的诗词对花吟咏，使视觉和听觉都尽情享受，相得益彰。

(2) 图赏

古来书画一家。书画讲求笔墨情趣与文人灵性之美，用书画衬托生意盎然的插花，雅趣交融。图赏在宋代极为流行，配插花的书画以素雅为宜，忌色彩浓丽。

(3) 酒赏

酒赏多为宫廷、富贵所为。酒可激情，可爽神，借酒赏花，意气风发，陶醉花间，别有神会。以唐代最盛，正所谓"花间一壶酒，独酌无相亲。举杯邀明月，对影成三人"。

(4) 香赏

焚香是中国古典生活四艺之一。香料种类不同，香味各具特色。五代的韩熙载便主张插花香赏。他说："对花焚香有风味相和，其妙不可言者。"宋代也十分流行，为民间四艺，但许多花材本身已有香味，焚香对花的本性反有影响，故此为明代袁宏道等人所反对。

(5) 琴赏

琴是古代文人四艺之首，用以怡情养性。对花抚琴须琴与花配。文人花可用七弦等乐器；宫廷花则管弦交响，于清韵中领略个中美意。

(6) 谭赏

谭赏即谈论品花。二人品花重在品论花木形态之美及插作结构与心得体会之趣，是理智的赏花. 可提高创作与鉴赏水平。

(7) 茗赏

品茗赏花。茶性简朴，可爽神醒思，手持杯茗，静观插花之美，体验无心，为袁宏道所推崇，所谓以"茗赏"为上，"谈赏"（谈论品花）次之，"酒赏"（借酒赏花）为下。古人品茶有所谓："一人得神、二人得趣、三人得味"之说。品花也如此。

而今，随着影像技术和设备的发展，对插花艺术作品的鉴赏方式主要以"影像赏析"和"交流赏析"为主，"茗赏""香赏""曲赏"等形式在特定场合也会使用。讲究鉴赏时的环境，追求多层次感官的美感享受。

10.1.4 鉴赏要素

插花作品是属于造型范畴的艺术品，所以其形式美和意境美、内涵美都十分重要。黄永川教授所著《采芹斋花论》（黄永川，2010）提出赏花八法口诀："颜色妍丽，枝叶简巧，象征寓意，花器适度，景深扬抑，陈设雅致，情意绵密，神韵天成。"具体分析如下。

(1) 观察作品的形式美

①造型是否优美生动，构图是否符合原理　比例合理，焦点突出，造型符合稳定均衡，元素达到多样统一，要素之间有对比变化，作品具有深远感和层次感。

②色彩搭配是否协调　花材与花材之间，花材与花器之间，作品与环境之间的色彩搭配是否协调。

③创作技巧运用恰当　创作过程中枝、叶、花的弯曲、捆绑、修剪，花材固定，花插、花泥的掩盖等技巧熟练，干净利落，不露痕迹，对切花进行有效的保水措施（上官国莲，2003）。

(2) 观察作品的元素美

①花材之美　尊重植物的自然生长特性，符合植物的生长规律及季相性，分析花材的科属种，以及切花表现特性，体会每种切花的自然美。

②器具之美　花器之美，在东方式插花中，花器被视为万物生长的广袤大地，或是为花木遮风避雨的金屋、精舍，鉴赏时花器的表现形式和特点也值得考究；各种配饰，也在一定程度上起着烘托气氛、装饰环境、点明主题、均衡造型的作用。在西式和现代插花中非植物材料的应用大大增加了作品的观赏性、科技性、艺术性，体现了艺术的融合。

③环境之美　陈列环境适当，陈列方式符合作品观赏需求。

(3) 观察作品的内涵美

①主题思想表现突出、新颖，选用花材得当，具备形神兼备的特点　在东方插花中，主题表现被视为作品的灵魂，它是构成作品思想美、意境美的重要标志，也是体现一件作品是否有创意的依据。一件东方式插花作品的主题表现如何，可根据作品花材的寓意、作品命名、构图表现手法、营造的意境等因素来考虑。与东方式不同，西式插花是从构图造型、色彩搭配等来表现一定的情调。

②意境含蓄深邃，有诗情画意，能引人回味遐想　通过造型、选材、搭配所表达的思想、传达的情感，通过插花自身的语言来呈现一个精神世界的状态，创作出美好的、真实的事物。插花不仅是一种创新的发现，更是对经典规律的可能性的找寻。通过实际的植物形象来源，花艺师进行主观的处理和加工，呈现出心里理想的物象。这个物象承载的是创作者的一种精神和态度，呈现出作品所要反映出的真实状态。能让鉴赏者感受到作品中隐藏的情绪，感受到生命力与善意。

③命名贴切、主题突出、寓意深刻、意境优美、语言简练、形神兼顾　"命名的最高境界是唤起观者内心最深远的想象"，含蓄高雅的命名令人过目不忘，回味无穷；而具体直白的命名，往往平淡无味，让人容易淡忘。插花花艺作品同雕塑、盆景等艺术都属于造型艺术范畴，它们是形式美和内容美的统一体，凭借外形和命名给观众或读者以影响。命名要结合民族精神、普世价值、人性美德、当前形势、时代脉搏，去挖掘、提炼、升华作品深刻的内涵。

作品《清白传家》见彩图 8-8，在中国传统插花作品中常出现这个命名。立意颂扬中华民族简朴清廉的传统美德，创作时除作品本身采用松、柳等传统的棒花材搭配其他花材外，配以萝卜、白菜、大葱的组合，通过谐音来表现"清白传家"主题。平淡中显神奇、朴实中见精神，升华作品主题，表现中国人自古崇尚的"清白"品格，突出时代传承性。

综合上述三方面的情况，欣赏作品的整体效果和艺术感染力，以及与周围环境的和谐性，体会客观与情感的和谐统一。只有这样认真仔细地欣赏分析每件作品，才能不断提高观者的鉴赏能力和创作技巧，体会花艺作品带给人们的文化思想。

10.2 作品评比

开展相关的插花与花艺作品评比活动是提高插花花艺水平的重要手段。不同的国家、地区的插花花艺作品评比和展示活动，将极大地促进插花花艺水平的整体提高及对插花花艺文化的全民推广与普及，激发公众向美向善的正能量。各类活动也向专业花艺师们提供花艺行业的各种新趋势，是行业发展的重要来源。

10.2.1 相关比赛

插花与花艺设计作品的竞赛主要分为展览性比赛和职业技能大赛两大类。

10.2.1.1 展览性比赛

展览性比赛对促进交流、扩大合作、引导生产、普及消费等方面起着巨大的推动作用，对花卉业的发展有着深远的影响。综合性花卉展览和专项性插花花艺展览中都设有插花花艺设计作品的展示与评比，如世界园艺博览会、中国花卉博览会，中国绿化博览会等大型相关综合展览中均设有专业的插花花艺展览及竞赛。

此类比赛项目根据展览会的目标宗旨，赛前大会组委会商议决定后向参赛者公布比赛规则，通常包括规定项目，神秘箱项目。

(1) 规定项目

由比赛组委会规定竞赛的类别一般分为：中国式插花、现代花艺项目两大类，各大类给出竞赛的主题、作品的尺寸（长、宽、高的范围）、作品的器具（花器及固定方式）、作品能否使用陪衬物（如非植物材料）等，要求参赛者必须按照命题及要求进行构思和创作。

(2) "神秘箱"项目

选手现场打开由主办方提供的比赛花箱，方知该箱内的花材种类数量及花器，进行创作花艺作品，作品主题在比赛现场公布。选手只能使用大赛主办单位统一提供的"神秘箱"内的花材、花器进行插花制作，使用花材量不得少于"神秘箱"内所提供花材量的70%，但不得添加任何其他材料；插花作品形式不限。"神秘箱"的前10min往往被视作决胜的关键时段。在这个时间里是考验选手即兴创作与构思的时段，需要冷静下来想清楚每一枝花材的位置。在最初的1~2min内，选手需要仔细地整理花材，检查花材的状态，按照"神秘箱"内提供的花材清单逐一核对，及时查漏补缺。同时，在整理时将花材进行分类，①确定焦点花材，②将花材按色系组合分类，③根据花材的形状、承担的角色进行分类。"神秘箱"不仅考验临场发挥，还考验对材料的判断力和变通应用的核心能力。

2019年北京世界园艺博览会（以下简称北京世园会）中举办的2019世界花艺大赛，赛事决赛为舞台公开赛，17位进入决赛的选手，需完成3项神秘箱作品。每项比赛开始后，选手现场打开"神秘箱"，利用统一的花材和资材，在规定时间内完成作品。评选结束后，选手的作品在北京世园会继续进行展出供游客观赏，创作团队要定期对作品进行维护。

10.2.1.2 职业技能大赛

技能大赛（花艺项目）、插花花艺行业职业赛侧重在技能考察方面，对行业的规范化推动起着引领风向标的作用。

（1）世界技能大赛——花艺项目

世界技能大赛（World Skills Competition）是最高层级的世界性职业技能赛事，由世界技能组织（World Skills International）每两年举办一届，被誉为"世界技能奥林匹克"。技能竞赛项目包括运输与物流、结构与建筑技术、制造与工程技术、信息与通信技术、创意艺术与时尚、社会与个人服务6大类别数十种职业技能。花艺属于创意艺术与时尚类别。每位选手只能参加一次比赛，对参赛选手的年龄限制为不超过22岁。比赛设置有9个模块的技能竞赛，各个分项的比赛时间1~3h不等，历时4d完成。参赛选手应掌握的基本知识包括：花艺设计的植物的科属、学名、习性、主要用途；除植物以外的各种花艺设计材料（包括器皿、辅材、装饰材料、工具等）种类、特点、使用和保管；植物保鲜的各种方法；花艺设计的基本原理和要素；花艺设计中常用花材处理的技巧和方法；花艺设计国际流行趋势（包括色彩、形式、造型、技巧等）；礼仪花艺（包括花束、花环、容器插花、餐桌花、组合盆栽、礼盒插花、物件装饰等）的基本制作方法和技巧；婚礼花艺的类型、制作方法和技巧；花店空间布置的内容及方法；花艺制作的安全知识。此类赛事是对选手的专业技能水平、操作手法、阅读理解、外语水平等的多方面考验。

（2）全国职业院校技能大赛——花艺项目

该赛全面反映高职学生掌握中国传统插花与现代花艺相关的设计创意、立体结构、色彩组合、植物搭配的认知能力、审美鉴赏能力和动手制作的技术技能水平。以赛促教、以赛促学，引领农林类高职院校适应我国插花花艺行业发展新趋势，进行课程建设与教学改革；推进高职院校与相关企业深度合作，更好地践行工学结合、德艺并重的人才培养模式。将世界技能大赛标准引入国赛，借鉴现代花艺设计制作经验和评审标准，让我国传统插花艺术与现代花艺并行发展，相得益彰。让竞赛成为宣传插花花艺的重要窗口，引导我国插花花艺产业健康发展，形成插花花艺工匠人才、创作精英人才培养的良好氛围，传承和弘扬中华文化，满足和促进我国插花花艺服务业的高水平发展需要。

本赛项涵盖中国传统插花与现代花艺两个方向，分别设置必赛模块和选考模块，考核知识与技能内容涵盖插花艺术风格、花型结构、造型设计、色彩配置、花材整理与加工、花材保鲜，等等。要求考生了解花艺行业最前沿的设计思想和理念，具备创新思路和创造能力，掌握插花创作的各种要素以及各要素之间的配置方法，能熟练运用给定花材与辅材进行作品的设计和制作。

(3) 全国插花花艺职业技能大赛

该赛事激励广大插花花艺从业者学习理论知识、提升技能水平，推动高技能人才队伍建设，充分发挥竞赛的引领作用，提高插花花艺职业技能竞赛科学化、规范化、专业化水平，促进插花花艺行业健康持续发展，为全面建设社会主义现代化国家提供有力人才保障。

竞赛分职工组和学生组，须年龄在18周岁到60周岁之间。职工组：从事插花花艺相关工作的从业人员及全国各类院校相关专业教师。学生组：技工（技师）院校、职业院校、本科院校等全国各类院校插花花艺相关专业在籍学生，需提供学生证。初赛分理论考试和实操考试，复赛和决赛为实操考试。获得该竞赛职工组决赛前三名的选手，报请人力资源和社会保障部核准后，授予"全国技术能手"荣誉。

决赛竞赛内容分为中国传统插花、花艺环境设计和神秘箱的设计与制作。从中国传统插花六大类容器作品创作，切花装饰、植物设计、花环、物件装饰、桌花、房间装饰六类花艺环境设计作品的制作，多角度、全方位考察参赛选手的实操技能水平。通过技能竞赛，制定行业发展和岗位需求标准，优化人才培养体系，推动职业技能的整体提升。

(4) 花卉行业专业从业人员相关竞赛

①"世界杯"花艺大赛　目前世界花艺界最权威、最具影响力、最高级别的花艺赛事，由世界上最大的鲜花速递组织——国际花商联举办，平均每四年举办一次，被称为花艺界的"奥运会"。从1971年第一届举办至今，所有决赛参赛选手必须是所在国家选拔赛的冠军选手。在我国，作为Interflora国际花商联唯一成员机构的上海优尼鲜花有限公司，每四年举办花艺世界杯资格赛——"优尼杯"，决出冠军选手代表中国征战花艺世界杯比赛。

②"欧洲杯"花艺大赛　即欧洲花艺冠军锦标赛，每四年举行一次，它是欧洲最高级别的花艺赛事。中国花卉报社与国际花商联中国管理机构获得了欧洲杯花艺锦标赛中国的举办权。UNIFLORIST China Cup（优尼中国杯）是中国选手参加"欧洲杯"花艺大赛的唯一晋级通道。

③"亚洲杯"插花花艺大赛　是亚洲各国和地区最高级别的国际花艺赛事，受到国际花艺界及社会各界的广泛关注。每届专业观众多达数千人，对促进亚太地区插花花艺切磋交流，引导花卉消费，推动花卉业发展起到积极作用。"亚洲杯"插花花艺大赛是一个风格较前面两个比赛风格更具东方文化，体现出不同文化差异下花艺师们的创作理念的不同。

④"中国杯"插花花艺大赛　主要针对中国花卉协会零售业分会个人会员或会员单位成员，从事插花花艺工作5年以上行业从业者。按照中国杯比赛体系和规则，采取舞台公开赛形式，场上选手将进行为期1天、3个项目的比赛，根据3项比赛的总积分（第一项30%+第二项30%+第三项40%）确定选手成绩。第一项：命题作品（中国传统插花）；第二项：自由作品；第三项：神秘箱。该赛事主要宗旨为进一步弘扬花卉文化，引导和促进花卉消费，加快我国花卉产业发展步伐，为举办"亚洲杯"花艺大赛做准备，原则上每两年举办一次。大赛地点选取在花卉产业比较发达，消费水平比较高，群众参与插花

花艺活动比较广泛的城市。大赛分预赛、初赛、复赛、决赛四个阶段进行，决出冠亚季军，除发放奖杯、证书和奖金外，并选送优胜者参加亚洲杯插花花艺大赛。

专业花艺比赛是对脑力与体力的高强度训练，考验的是选手扎实的花艺技能及综合能力。如今各类国际赛事和活动越来越多，希望看到更多的中国选手出现在国际花艺比赛的舞台上。

10.2.2 作品评比标准

由于每个人的兴趣爱好修养和欣赏水平等存在差异，对同一件作品的评价难免会有所不同。为了较为客观、公平、公正地评价插花花艺比赛作品，必须制定基本的评分标准和规则，并要求评委客观、果断地分清作品的优劣，不能带有主观偏见。

艺术品的评比很难有统一的标准，而且每次比赛的情况都会有所不同，需要根据情况变化对已有标准进行相应修改，以保证评分的准确性和公正性。一般是于赛前由评委会根据比赛的情况、侧重点和要求，商讨确定本次比赛的评分标准，使每位评委依照统一的尺度进行评分，保证评比的相对客观和公平。东方插花和西方插花各有自己独特的风格和特点，在插花的三个主要方面(意境、色彩、形式)上侧重不同。因此，在制定插花比赛评分标准时，要依不同流派、风格和特点而有所不同，有所侧重。展览性竞赛和职业技能性竞赛的评判标准也略有差异，下文分别说明。

10.2.2.1 展览性花艺竞赛

此竞赛主要目的是推广插花花艺设计，评判标准更重整体效果，意境表达。

(1) 主题意境

评判标准是命名是否贴切点睛，特点是否鲜明，主题表现是否充分适用，作品的创新与独到之处的体现情况。意境方面一定要具有美好象征的正能量，能引起观赏者的共鸣和回味遐想。花艺创新，主要体现在如何发掘花材本身潜在的美，如何将最平凡的材料以不寻常的形式体现，用独特的构图方法进行巧妙的空间构思。

(2) 设计、造型和平衡

评判标准是外形是否优美，焦点是否突出，体量比例关系恰当与否，视觉或实际平衡性情况，花材协调性状况。

(3) 色彩

评判标准是色彩与主题和场合的契合度，视觉感染力，色彩搭配与流畅度。

(4) 技艺及手法

评判标准是稳定性，制作情况，对材料的处理干净利落、不露痕迹，固定处理等的掩饰技巧，作品完成度，花材的保水情况。

10.2.2.2 职业技能性竞赛(以全国职业院校技能大赛为例)

花艺竞赛项目包括中国传统插花作品创作与现代花艺作品创作两个竞赛内容。现代花艺部分比赛时长10.5~12h，共5个模块，花束、新娘花饰、切花装饰、植物设计为必赛模块，房间装饰、物件装饰、花首饰、花环、桌花、人体花饰为选赛模块。中国传统插花部分比赛时长5.5~6h，共4个模块，盘花、缸花为必赛模块，筒花、篮花、碗花、瓶花四个作为选赛模块，筒花和瓶花二选一，碗花和篮花二选一。成绩以百分制计分，其中中国传统插花作品创作分值占比为42%，现代花艺作品创作分值占比为58%。本竞赛评分表按照世界技能大赛评分标准设计，专家打分后进行计算和汇总分值（保留小数点后两位）。

(1) 现代花艺主要项目细节说明

①构成

作品整体印象情况　包括形状、形态、比例、视觉平衡四个方面，要求作品具有明确和整洁的造型，不同造型形式的复杂使用，各设计元素具有正确美观的比例关系，完美的视觉平衡体现。

风格及其表达形式　要求作品具有占据主导地位的设计风格复杂多样的表达运用形式。

材料的选择和使用　要求作品运用复杂多样的材料使作品整体具有体量感，表现出材料的动态感、流畅度、韵律感，特别要注意线条材料的应用。

②色彩

色彩和谐　要求作品具有优势色彩，体现作品色彩的组合与对比，运用优秀的色彩数目达到复杂和谐的色彩表达。

色彩张力　要求作品体现色彩的价值及其构思表现，通过复杂色彩的使用和组合运用体现作品的色彩张力。

色彩位置　要求作品在色彩整体设计上平衡，能够运用复杂的色彩分类来实现在各个设计区域上的和谐平衡。

③设计

独创性、创意性　要求作品设计在功能上展现高创意性并贴合任务要求。

主题立意　要求作品按规定选择使用创意材料，材料的选择使用70%以上，达到良好的完成度。

④技术

整洁度　无损坏；技法得当　无不恰当的技术暴露；作品稳定度；作品平衡度；吸水性处理　包括对植物具有正确的保水措施、植物材料养护得当、寿命切花在理想条件下平均寿命达到预期效果；技术难度　花艺设计技术的正确选择、合理设计与制作分配时间，不超时。

(2) 中国传统插花主要项目细节说明

①构成　花型结构　直立、倾斜、水平、下垂等，巧妙运用中国传统插花构图原理，塑造展现中国传统插花韵味的作品花型。尺度、比例　尺度合理，巧妙地运用比例关系实现作品多要素的视觉平衡。造型要求　起把宜紧、器口宜清；枝枝生韵、叶叶舒展、朵朵舒立体现中国传统插花艺术风格。花材布局　需要高低错落、上轻下重、疏密有致、上散下聚、仰俯呼应、虚实结合，巧妙地选择和使用植物材料，深刻体现均衡、

动势、多样、统一、韵律、节奏等形式美的法则。

②色彩　主色　主色调鲜明，配色和谐，对比度强，运用理想的色彩数达到和谐。配色　多样统一，多种色彩巧妙使用体现色彩张力。位置　色彩分布与平衡，多色彩相互呼应，实现色彩的和谐平衡。主题　色彩的选择深刻诠释主题。

③意境　造型　作品造型独具匠心，深刻表达意境。材料　选择和使用巧妙地材料，深刻表达意境。整体　作品表达与意境契合，意境内涵深刻。

④技术　整洁度（破损、折痕、污染、焦枯、虫病、剪口整洁度等），超过3处问题，得0分。技法得当（铁丝、胶带、接脚等），不恰当技术暴露超过3处，得0分。稳定度，当抬起或移动花器时保持原有姿态，所有植物材料稳定牢固。平衡度，视觉平衡。材料选择，所用植物材料与花器相符，保持新鲜。保水，每一个活着的植物有正确的保水措施。尊重植物，所有植物材料必须得到尊重和正确对待。固定，正确的固定方法（必须正确使用撒或剑山）。容器给水，水面需淹没撒或剑山。容器使用，正确使用容器。技术难度（技术难度：没有难度0分，有一点难度0.50分，有难度1.00分，非常有难度1.50分）；合理分配时间，超时扣分。

（3）综合项及注意项

材料管理，尊重材料（植物学的习性和特点），材料的营养管理，维持材料的新鲜度，陈列的美观，工作间的清洁度，工具的保管。

每项比赛结束前10min、5min、1min将会发出时间提醒。比赛时间到后，选手和助手不得触摸作品，违规者按规定扣除相应分数。

若现场受场地限制，作品需移至他处进行评分，由助手进行搬运、移动，现场工作人员、选手不得触碰作品；且作品移动过程中，不可调整或修改作品，也不得恶意碰撞或损坏他人作品，否则该项比赛成绩作废。

裁判互相监督与选手的违规行为，发现比赛过程有与选手不恰当交流的或动手帮忙的取消裁判资格，且选手此比赛模块成绩为0。

在比赛过程中发现使用不允许带入的材料以及工具的，取消该模块分数。

10.2.2.3　优秀作品赏析

"远观其形，近观其质"，观赏时从主题中提取内在元素，通过点、线、面、体、色的综合赏析，运用物理、心理视角体会出作品的外在艺术形象和内在神韵意境。优秀的作品不胜枚举，本教材仅略选部分赏析，具体内容请见数字资源第10章。

思考题

1. 赏析插花艺术作品应从哪些方面入手？
2. 思考通过花艺大赛的评价标准学习，如何提高自己的插花技艺？

推荐阅读书目

1. 《首届中国杯插花花艺大赛作品集》. 中国花卉协会. 中国林业出版社,2005.
2. 《中国传统插花艺术》. 王莲英,秦魁杰. 化学工业出版社,2019.
3. 《中国插花史研究》. 黄永川. 西泠印社出版社,2012.

参 考 文 献

北京时代文书局，2020. 瓶史，瓶花谱，瓶花三说[M]. 北京：北京时代文书局.
蔡俊清，2003. 春天与母亲节花艺[J]. 园林(5)：3.
蔡仲娟，2020. 中国插花艺术[M]. 北京：化学工业出版社.
陈鹳潼，2017. 花道日常：四季花中寻道[M]. 北京：九州出版社.
陈惠仙，刘秋梅，2007. 实用花艺会场布置精选[M]. 广州：广东经济出版社.
陈佳瀛，王志东，2010. 浅论我国现代插花花艺可持续发展的制约因素与对策[J]. 安徽农业科学，38(5)：2687-2689.
川濑敏郎，2014. 四季花传书[M]. 杨玲，译. 长沙：湖南人民出版社.
范嘉苑，2015. 几何元素在空间中的运用[J]. 家居(4)：20-23.
范正红，2019. 花艺在不同功能室内空间的应用[J]. 南方农业，13(21)：42-44.
冯雪，2019. 我国现代花艺的表现技法及发展趋势[J]. 现代园艺(9)：127-128.
花艺在线组织，2014. 节日花艺设计与制作[M]. 北京：化学工业出版社.
黄永川，2010. 采芹斋花论[M]. 杭州：西泠印社出版社.
黄永川，2012. 中国插花史研究[M]. 杭州：西泠印社出版社.
黄永川，2015. 文人花[M]. 济南：山东画报出版社.
黄永川，2019. 中国古典节序插花[M]. 西泠印社出版社.
黄永川，2020. 瓶史瓶花谱解析[M]. 杭州：西泠印社出版社.
江志清，2009. 厅堂和居室的插花装饰[J]. 中国园艺文摘(6)：176-178.
姜猛，王功成，2011. 完美婚礼省钱攻略[M]. 北京：中国财富出版社.
蒋建萍，2020. 以形式美为基础的插花艺术分析[J]. 花卉(10)：296.
荆晓燕，2008. 明清之际中日贸易研究[D]. 济南：山东大学.
黎佩霞，1997. 插花艺术基础[M]. 北京：中国农业出版社.
黎佩霞，范燕萍，2002. 插花艺术基础[M]. 2版. 北京：中国农业出版社.
李建忠，2013. 插花艺术在构图手法上应遵循的五个原则[J]. 现代农村科技(14)：65.
刘金海，2008. 插花技艺与盆景制作[M]. 2版. 北京：中国农业出版社.
刘中华，2007. 插花艺术[M]. 沈阳：辽宁大学出版社.
柳维媛，2008. 时尚插花全图解[M]. 北京：化学工业出版社.
马骁勇，2018. 碗求中藏：谈中式插花艺术中碗花的表现特色[J]. 中国花卉园艺(22)：62-63.
马骁勇，2021. 关于中式插花艺术概念的思考[C]//第二届中国插花艺术高峰论坛文集. 宁波：宁波出版社.
闵宪梅，2018. 东西方传统插花艺术对比[J]. 艺术科技，31(1)：116，151.
潘远智，2020. 盆景与插花艺术[M]. 重庆：重庆大学出版社.
上官国莲，2003. 论插花艺术的形式美[J]. 佛山科学技术学院学报(社会科学版)(1)：52-55.
沈复，2015. 浮生六记[M]. 天津：天津人民出版社.
孙可，李响之，2018. 中国插花简史[M]. 北京：商务印书馆.
王立如，2021. 现代花艺在婚礼中的装饰设计应用[D]. 北京：北京林业大学.
王莲英，2012. 中国传统插花系列教程[M]. 北京：中国林业出版社.

王莲英，贾军，2015. 中国传统插花系列教程研习高级[M]. 北京：中国林业出版社.
王莲英，秦魁杰，2019. 中国传统插花艺术[M]. 北京：化学工业出版社.
王娜，2006. 中国古代插花技艺研究[D]. 咸阳：西北农林科技大学.
王绍仪，2005. 宾馆酒店花艺设计：①公共空间[M]. 北京：中国林业出版社.
王绍仪，2005. 宾馆酒店花艺设计：②生活、会议空间[M]. 北京：中国林业出版社.
王业云，2017. 一束鲜花背后的故事[J]. 中国花卉园艺(6)：14-15.
吴娟，2014. 花艺制作[M]. 北京：北京师范大学出版社.
熊瑞，2020. 花艺陈设在星级酒店环境中的设计研究[D]. 武汉：华中科技大学.
徐寅岚，2020. 中国传统插花艺术特性研究[D]. 南京：东南大学.
徐卓颖，2019. 浅谈花艺设计四种新技法[J]. 湖北林业科技，48(1)：82-84.
丫头，2010. 玫瑰物语[J]. 温州人(Z1)：8-9.
鄢敬新，2015. 插花清供[M]. 青岛：青岛出版社.
严明明，王冬琴，2010. 饭店插花艺术[M].2版. 北京：高等教育出版社.
叶灵之，2018. 性灵山月：袁宏道传[M]. 北京：作家出版社.
一雯，2000. 情人节花艺赏析[J]. 园林(2)：7.
有吉桂舟，2013. 插花册子——四季之花[M]. 金艺，译. 济南：山东画报出版社.
余海珍，2006. 形式美法则与插花艺术[J]. 现代农村科技(15)：46-47.
袁宏道，张谦德，高濂，2020. 瓶史 瓶花谱 瓶花三说[M]. 北京：北京时代华文书局.
曾端香，2021. 插花艺术[M].5版. 重庆：重庆大学出版社.
张德炎，程冉，夏晶晖，2015. 插花与盆景技艺[M]. 北京：化学工业出版社.
张水芳，2008. 饭店插花艺术[M]. 杭州：杭州出版社.
张水芳，2015. 酒店花艺布置YES OR NO[J]. 商业故事(14)：11-12.
张燕，2017. 尚善尚美，以花载道：张燕插花艺术与教育传承[M]. 北京：华文出版社.
郑艾琴，2018. 插花艺术[M]. 银川：阳光出版社.
中国插花艺术馆，2021. 第二届中国插花艺术高峰论坛文集[M]. 宁波：宁波出版社.
中国大百科全书编写组，2023. 中国大百科全书第三版网络版[M]. 北京：中国大百科全书出版社.
周小鹭，2019. 室内花艺设计[M]. 哈尔滨：东北林业大学出版社.
朱迎迎，2008. 中外插花艺术比较研究[D]. 南京：南京林业大学.
朱迎迎，2015. 插花艺术[M].3版. 北京：中国林业出版社.
邹春晶，2011. 现代都市婚礼花艺设计与应用研究[D]. 杭州：浙江大学.
BETTY BELCHER, 1993. Creative Flower Arranging: Floral Design for Home and Flower Show[M]. Portland: Timber Press.
CHARLES GRINER, 2002. Floriculture: Designing & Merchandising[M].(2nd ed.)New York: Delmar Press.
KEIKO KUBO, 2006. Keiko's IKEBANA: A Contemporary Approach to the Traditional Japanese Art of Flower Arranging[M]. Tokyo: Tuttle Publishing.

附录

主要插花材料名录

附录1　线状花材

类别	中名	别名	科名	拉丁学名	生活型
切花	梅花	—	蔷薇科	*Prunus mume*	乔木
	麻叶绣线菊	小手球	蔷薇科	*Spiraea cantoniensis*	灌木
	珍珠绣线菊	喷雪花、雪柳	蔷薇科	*Spiraea thunbergii*	灌木
	蜡梅	—	蜡梅科	*Chimonanthus praecox*	乔木
	唐菖蒲	剑兰	鸢尾科	*Gladiolus gandavensis*	多年生草本
	雄黄兰	火星花	鸢尾科	*Crocosmia×crocosmiiflora*	多年生草本
	香雪兰	小苍兰	鸢尾科	*Freesia refracta*	多年生草本
	蛇鞭菊	—	菊科	*Liatris spicata*	多年生草本
	紫罗兰	—	十字花科	*Matthiola incana*	多年生草本
	假龙头花	随意草	唇形科	*Physostegia virginiana*	多年生草本
	贝壳花	领圈花、象耳花	唇形科	*Moluccella laevis*	一年生草本
	大花飞燕草	—	毛茛科	*Delphinium×cultorum*	多年生草本

(续)

类别	中名	别名	科名	拉丁学名	生活型
切花	金鱼草	—	车前科	Antirrhinum majus	多年生草本
	穗花	穗花婆婆纳、鼠尾	车前科	Pseudolysimachion spicatum	多年生草本
	马蹄莲	—	天南星科	Zantedeschia aethiopica	多年生草本
	文心兰	跳舞兰	兰科	Oncidium flexuosum	多年生草本
	蝴蝶石斛	—	兰科	Dendrobium phalaenopsis	多年生草本
	大花蕙兰	虎头兰	兰科	Cymbidium hybrid	多年生草本
	万代兰	—	兰科	Vanda	多年生草本
	蝴蝶兰	—	兰科	Phalaenopsis	多年生草本
	铃兰	—	天门冬科	Convallaria keiskei	多年生草本
	虎眼万年青	海葱、鸟乳花	天门冬科	Ornithogalum caudatum	多年生草本
	尾穗苋	柔丽丝、红藜	苋科	Amaranthus caudatus	一年生草本
	青葙	野鸡冠花、多头凤尾	苋科	Celosia argentea	一年生草本
切果	轮生冬青	北美冬青	冬青科	Ilex verticillata	灌木
	菥蓂	翠扇	十字花科	Thlaspi arvense	一年生草本
	绿铃草	独行菜	十字花科	Lepidium apetalum	一年生草本
	垂序商陆	美洲商陆	商陆科	Phytolacca americana	多年生草本
切叶	散尾葵	—	棕榈科	Dypsis lutescens	灌木
	鱼尾葵	—	棕榈科	Caryota maxima	乔木
	椰芯叶	黄剑叶	棕榈科	Cocos nucifera	乔木
	金心香龙血树	金心巴西铁	天门冬科	Dracaena fragrans	乔木
	金钱桉	小圆叶尤加利	桃金娘科	Eucalyptus bridgesiana	乔木
	鸢尾叶	—	鸢尾科	Iris tectorum	多年生草本
	新西兰麻	新西兰叶、绿剑叶	阿福花科	Phormium colensoi	多年生草本
	非洲大熊草	钢草、草树	阿福花科	Xanthorrhoea preissii	多年生草本
	肾蕨	排草、蜈蚣草	肾蕨科	Nephrolepis cordifolia	多年生草本
	巢蕨	鸟巢蕨、山苏叶	铁角蕨科	Asplenium nidus	多年生草本
	香蒲	水烛叶、水蜡叶	香蒲科	Typha orientalis	多年生草本
	菖蒲	—	菖蒲科	Acorus calamus	多年生草本
	春兰叶	—	兰科	Cymbidium goeringii	多年生草本
	蜘蛛抱蛋	一叶兰	天门冬科	Aspidistra elatior	多年生草本
	朱蕉	—	天门冬科	Cordyline fruticosa	多年生草本
	鹤望兰叶	天堂鸟叶	鹤望兰科	Strelitzia reginae	多年生草本
	小天使鹅掌芋	仙羽蔓绿绒、羽裂喜林芋、小天使蔓绿绒	天南星科	Thaumatophyllum xanadu	多年生草本

(续)

类别	中名	别名	科名	拉丁学名	生活型
切枝	红瑞木	—	山茱萸科	Cornus alba	灌木
	龙爪柳	龙柳	杨柳科	Salix matsudana f. tortuosa	乔木
	棉花柳	银芽柳	杨柳科	Salix×leucopithecia	乔木
	竹类	—	禾本科	Bambusoideae	乔木、灌木
	木贼	—	木贼科	Equisetum hyemale	多年生草本

附录2 团块状花材

类别	中名	别名	科名	拉丁学名	生活型
切花	现代月季	玫瑰、杂交月季	蔷薇科	Rosa hybrida	灌木
	牡丹	木芍药、富贵花	芍药科	Paeonia×suffruticosa	灌木
	绣球	八仙花	绣球花科	Hydrangea macrophylla	灌木
	'绣球'荚蒾	木绣球	荚蒾科	Viburnum keteleeri 'Sterile'	灌木
	香石竹	康乃馨	石竹科	Dianthus caryophyllus	多年生草本
	百合	—	百合科	Lilium spp.	多年生草本
	郁金香	—	百合科	Tulipa gesneriana	多年生草本
	非洲菊	扶郎花	菊科	Gerbera jamesonii	多年生草本
	菊花	—	菊科	Chrysanthemum morifolium	多年生草本
	'乒乓'菊	—	菊科	Chrysanthemum×morifolium 'Pompon'	多年生草本
	大丽花	地瓜花	菊科	Dahlia pinnata	多年生草本
	向日葵	—	菊科	Helianthus annuu	一年生草本
	麦秆菊	—	菊科	Xerochrysum bracteatum	一年生草本
	芍药	将离、殿春	芍药科	Paeonia lactiflora	多年生草本
	莲	荷花	莲科	Nelumbo nucifera	多年生草本
	睡莲	—	睡莲科	Nymphaea tetragona	多年生草本
	洋桔梗	土耳其桔梗、草原龙胆	龙胆科	Eustoma grandiflorum	多年生草本
	桔梗	—	桔梗科	Platycodon grandiflorus	多年生草本
	风铃草	—	桔梗科	Campanula medium	二年生草本
	翠珠花	—	五加科	Trachymene coerulea	一年生草本
	花毛茛	洋牡丹、芹菜花、陆莲花	毛茛科	Ranunculus asiaticus	多年生草本
	欧洲银莲花	—	毛茛科	Anemone coronaria	多年生草本
	紫盆花	蓝盆花、松虫草	忍冬科	Scabiosa atropurpurea	一年生草本
	大花葱	—	石蒜科	Allium giganteum	多年生草本

（续）

类别	中名	别名	科名	拉丁学名	生活型
切果	钝钉头果	气球果、唐棉	夹竹桃科	*Gomphocarpus physocarpus*	灌木
	酸浆	姑娘果、红姑娘、灯笼果	茄科	*Alkekengi officinarum*	多年生草本
	星芒松虫草	风车果	忍冬科	*Scabiosa stellata*	一年生草本
切叶	八角金盘	—	五加科	*Fatsia japonica*	灌木
	龟背竹	—	天南星科	*Monstera deliciosa*	灌木
	星点千年木	星点木	天门冬科	*Dracaena godseffiana*	灌木
	北美白珠树	沙巴叶	杜鹃花科	*Gaultheria shallon*	灌木
	玉簪叶	—	天门冬科	*Hosta plantaginea*	多年生草本
	岩穗	银河叶、加拉克斯叶	岩梅科	*Galax urceolata*	多年生草本
	羽衣甘蓝	叶牡丹	十字花科	*Brassica oleracea* var. *acephala*	二年生草本
	绿萝	—	天南星科	*Epipremnum aureum*	多年生草本
	春羽	—	天南星科	*Thaumatophyllum bipinnatifidum*	多年生草本
	黑叶观音莲	黑叶芋	天南星科	*Alocasia× mortfontanensis*	多年生草本

附录3 特殊形状花材

类别	中名	别名	科名	拉丁学名	生活型
切花	帝王花	—	山龙眼科	*Protea cynaroides*	灌木
	针垫花	—	山龙眼科	*Leucospermum nutans*	灌木
	木百合	非洲郁金香	山龙眼科	*Leucadendron*	灌木
	娇娘花	非洲新娘花	山龙眼科	*Serruria florida*	灌木
	班克树	斑克木、佛塔树	山龙眼科	*Banksia integrifolia*	灌木
	鹤望兰	天堂鸟	鹤望兰科	*Strelitzia reginae*	多年生草本
	金嘴蝎尾蕉	—	蝎尾蕉科	*Heliconia rostrata*	多年生草本
	黄苞蝎尾蕉	黄金鸟	蝎尾蕉科	*Heliconia latispatha*	多年生草本
	花烛	红掌、安祖花	天南星科	*Anthurium andraeanum*	多年生草本
	嘉兰	—	秋水仙科	*Gloriosa superba*	多年生草本
	白花虎眼万年青	伯利恒之星	天门冬科	*Ornithogalum arabicum*	多年生草本
	姜荷花	—	姜科	*Curcuma alismatifolia*	多年生草本
	兜兰	拖鞋兰	兰科	*Paphiopedilum*	多年生草本
	鸢尾	—	鸢尾科	*Iris tectorum*	多年生草本
切果	凤梨	观赏凤梨、迷你凤梨、菠萝	凤梨科	*Ananas comosus*	多年生草本
	乳茄	五指茄、五代同堂	茄科	*Solanum mammosum*	多年生草本

附录4 散状花材

类别	中名	别名	科名	拉丁学名	生活型
切花	多头月季	—	蔷薇科	*Rosa hybrida*	灌木
	天蓝尖瓣藤	天蓝尖瓣木、蓝星花	夹竹桃科	*Oxypetalum coeruleum*	木质藤本
	茵芋	—	芸香科	*Skimmia reevesiana*	灌木
	茉莉花	—	木樨科	*Jasminum sambac*	灌木
	黑荆	澳洲金合欢	豆科	*Acacia mearnsii*	乔木
	黄栌	雾中情人	漆树科	*Cotinus coggygria* var. *cinereus*	灌木
	澳洲雪梅	史考梅	桃金娘科	*Thryptomene saxicola*	灌木
	蜡花	澳洲蜡梅	桃金娘科	*Chamelaucium uncinatum*	灌木
	寒丁子	—	茜草科	*Bouvardia× domestica*	灌木
	澳洲米花	—	菊科	*Ozothamnus diosmifolius*	灌木
	'黄莺'	加拿大一枝黄花	菊科	*Solidago canadensis* 'Golden Wings'	多年生草本
	多头小菊	多枝菊	菊科	*Chrysanthemum morifolium*	多年生草本
	紫菀	孔雀草	菊科	*Aster tataricus*	多年生草本
	联毛紫菀	荷兰菊	菊科	*Symphyotrichum novi-belgii*	多年生草本
	藿香蓟	—	菊科	*Ageratum conyzoides*	多年生草本
	澳洲鼓槌菊	黄金球、金槌花	菊科	*Pycnosorus globosus*	多年生草本
	硬叶蓝刺头	—	菊科	*Echinops ritro*	多年生草本
	短舌匹菊	切花洋甘菊	菊科	*Pyrethrum parthenium*	多年生草本
	红花	橙菠萝	菊科	*Carthamus tinctorius*	一年生草本
	蓍	蓍草、咖喱花	菊科	*Achillea millefolium*	多年生草本
	宫灯百合	—	秋水仙科	*Sandersonia aurantiaca*	草质藤本
	落新妇	—	虎耳草科	*Astilbe chinensis*	多年生草本
	多头康乃馨	多丁	石竹科	*Dianthus caryophyllus*	多年生草本
	日本石竹	相思梅	石竹科	*Dianthus japonicus*	多年生草本
	须苞石竹	石竹梅、美国石竹、五彩石竹	石竹科	*Dianthus barbatus*	多年生草本
	'绿毛球'	石竹球	石竹科	*Dianthus* 'Green Trick'	多年生草本
	圆锥石头花	满天星、锥花丝石竹	石竹科	*Gypsophila paniculata*	多年生草本
	美花补血草	勿忘我	白花丹科	*Limonium callianthum*	多年生草本
	二色补血草	水晶草	白花丹科	*Limonium gerberi*	多年生草本
	阔叶补血草	情人草	白花丹科	*Limonium bicolor*	多年生草本

(续)

类别	中名	别名	科名	拉丁学名	生活型
切花	六出花	秘鲁百合、水仙百合	六出花科	*Alstroemeria* 'Hybrida'	多年生草本
	千日红	—	苋科	*Gomphrena globosa*	一年生草本
	金袋鼠爪	—	血皮草科	*Anigozanthos pulcherrimus*	多年生草本
	茴香	—	伞形科	*Foeniculum vulgare*	一年生草本
	大阿米芹	蕾丝花	伞形科	*Ammi majus*	一年生草本
	疗喉草	夕雾草	桔梗科	*Trachelium caeruleum*	多年生草本
	黑种草	—	毛茛科	*Nigella damascena*	一年生草本
	长药八宝	八宝景天	景天科	*Hylotelephium spectabile*	多年生草本
	高山刺芹	—	伞形科	*Eryngium alpinum*	多年生草本
	粉黛乱子草	—	禾本科	*Muhlenbergia capillaris*	多年生草本
	稷	喷泉草	禾本科	*Panicum miliaceum*	一年生草本
	小盼草	宽叶林燕麦	禾本科	*Chasmanthium latifolium*	多年生草本
切果	'红果'金丝桃	火龙珠、红豆	金丝桃科	*Hypericum* 'Excellent Flair'	灌木
	桉	小米果	桃金娘科	*Eucalyptus robusta*	乔木
	红花桉	僵尸果	桃金娘科	*Corymbia ficifolia*	乔木
	毛核木	雪果	忍冬科	*Symphoricarpos sinensis*	灌木
	饰球花	珊瑚果	绒球花科	*Berzelia lanuginosa*	灌木
	绒毛绒球花	白色圣诞果	绒球花科	*Berzelia intermedia*	灌木
	红茄	—	茄科	*Solanum aethiopicum*	一年生草本
切叶	红茎桉	苹果桉	桃金娘科	*Eucalyptus websteriana*	乔木
	'黄金香'柳	千层金	桃金娘科	*Melaleuca bracteata* 'Revolution Gold'	灌木
	红花檵木	—	金缕梅科	*Loropetalum chinense* var. *rubrum*	灌木
	柳杉	天竺少女	柏科	*Cryptomeria japonica* var. *sinensis*	乔木
	清香木	—	漆树科	*Pistacia weinmanniifolia*	灌木
	米仔兰	米兰	楝科	*Aglaia odorata*	灌木
	栀子叶	—	茜草科	*Gardenia jasminoides*	灌木
	蓬莱松	—	天门冬科	*Asparagus retrofractus*	灌木
	天冬	武竹、密叶天门冬、非洲天门冬	天门冬科	*Asparagus densiflorus*	灌木
	卵叶天门冬	阔叶武竹	天门冬科	*Asparagus asparagoides*	多年生草本
	银叶菊	—	菊科	*Jacobaea maritima*	多年生草本
	银边翠	高山积雪	大戟科	*Euphorbia marginata*	一年生草本
	泽漆	叶上黄金	大戟科	*Euphorbia helioscopia*	一年生草本
	圆叶柴胡	—	伞形科	*Bupleurum rotundifolium*	一年生草本
	石松	—	石松科	*Lycopodium japonicum*	多年生草本
	骨碎补	高山羊齿、芒叶	骨碎补科	*Davallia trichomanoides*	多年生草本

彩图 1-1 《凤舞》
作者：操瑞芸、杜娟

彩图 1-2 《雀跃》
作者：黄玮婷

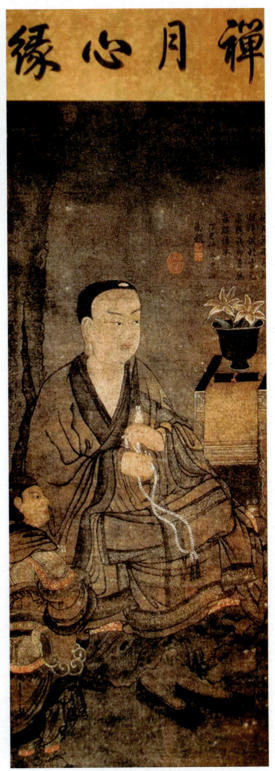

彩图 1-3 佛前供花
来源：贯休《禅月心缘》中国台北故宫博物院藏

彩图 1-5　元代·钱选"吊篮式自由花"

彩图 1-4　元代·张中
《太平春色轴》
（局部）
来源：中国台北故宫
　　　博物院藏

彩图 1-7　清代（18世纪）·写景盘花
来源：中国台北故宫博物院藏

彩图 1-6　明代·边文进《岁朝图》
来源：中国台北故宫博物院藏

彩图　155

彩图 2-1　《献给新时代》
作者：李毅鹏
来源：第 5 届中国杯插花花艺大赛
决赛"神秘箱手绑花束"金奖

彩图 3-1　《贯通》
作者：关晓韵、刘秋梅
来源：2022 广州国际花艺展

彩图 3-2　曲线的运用《芳华》
作者：蔡仲娟

彩图 3-3　折线的运用《初夏静美》
作者：金敏娟

彩图 3-7　同色系配色
作者：王菁

彩图 3-4　点线面的体现
作者：陈忠

彩图 3-8　对比色运用《风从东方来》
作者：蔡仲娟

彩图 3-5　形态的体现
作者：朱兴模（韩国）
来源：2022 广州国际花艺展

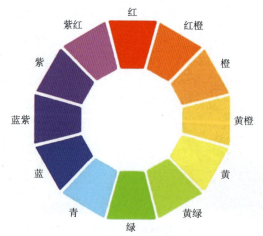

彩图 3-6　色环图

彩图 3-9　不对称均衡《名门风度》
作者：蔡仲娟

彩图 3-10　均衡与动势《青翠摇曳》
作者：杨晓佳（紫昕）

彩图 3-11　插花中的"破"《心有灵犀》
作者：操瑞芸、伍永红

彩图 3-12　对比与协调《三生万物》
来源：中华花艺浣花草堂

彩图 3-13　多样与统一《霜叶红于二月花》
作者：蔡仲娟

彩图 3-14　对比色渐变的韵律《相携》
作者：王菁

彩图 4-1　直立型《亭亭花前立》
作者：李缨

彩图 4-2　倾斜型《香乱舞衣风》
作者：李缨

彩图 4-4　下垂（倒挂）型《飞崖花枝俏》
作者：郑全超

彩图 4-3　水平（平出）型《寒蕊冷香凝》
作者：郑全超

彩图 4-5　平铺型《红香伴清风》
作者：郑全超

彩图 4-8　十全瓶花《迎春纳福》
作者：李达

彩图 4-6　综合型《高山流水遇知音》
作者：操瑞芸

彩图 4-7　碗花《天行健 君子自强》
作者：李达

彩图 4-9　篮花《满堂彩》
来源：中华花艺浣花草堂

彩图 4-10　缸花《忆往昔》
作者：黄仔

彩图 4-11　筒花《亲子之爱》
作者：操瑞芸、胡亚晓
来源：成都市"九二共识30周年两岸书画花艺展"

彩图 4-12　写景花《山河无限好》
作者：吴春霞、付玉兰
来源：2023 年全国非遗项目传统插花展

彩图 4-13　理念花《合》
作者：李达

彩图 4-14　心象花《幻·生》
作者：操瑞芸、刘诗忆

彩图 4-15　造型花《起舞》
作者：杨晓佳（紫昕）

彩图 4-16　池坊立花
作者：余仲骐

清操体　　　　　将离体　　　　　涧翠体　　　　　丘壑体　　　　　潇飒体
作者：丰岛松翠　作者：丰崎路月　作者：今山幸华　作者：高桥初凤　作者：须田仁耀

惹雨体　　　　　幽寂体　　　　　艳阳体　　　　　杪茂体　　　　　重荫体
作者：小泽雪月　作者：镜丽月　　作者：郡山正水　作者：谷山寿凰　作者：伊卷辉进

彩图 4-17　宏道流十体
引自：《宏道流平成插花二百五十撰》

彩图 5-1　三角型
作者：陈忠

彩图 5-2　半球型
作者：杜娟

彩图 5-3　水平椭圆型
作者：陈忠

彩图 5-4　垂直椭圆型
作者：陈忠

彩图 5-5　倒 T 型
作者：陈忠

彩图 5-6　L型
作者：陈忠

彩图 5-7　弯月型
作者：陈忠

彩图 5-8　S型
作者：陈忠

彩图 5-9　圆锥型
作者：陈忠

彩图 5-10 扇型
作者：陈忠

彩图 6-1 现代自由式桌花
《月圆花好》
作者：陈忠、黄玮婷

彩图 6-4 《风景这边独好》
作者：李昌贤

彩图 6-3 《人与自然——精卫填海的新启示》
作者：刘飞鸣、邬帆

彩图 6-2 《裙舞飞扬》
作者：黄玮婷

彩图 6-5 《仓颉》
设计师：卿少波
来源：2022 广州国际花艺展

彩图 6-9 粘贴、轻架构技巧《雅韵》
作者：王菁

彩图 6-6 《休憩》
作者：Andy Djati Utomo（印度尼西亚）
来源：2022 广州国际花艺展

彩图 6-11 《追梦年华》
作者：蔡仲娟

彩图 6-7　第 15 届世界杯花艺大赛参赛作品《未来》
作者：姚伟

彩图 6-8　编织技巧《心愿》
作者：陈忠

彩图 6-10　分解重组技巧《永结同心》
作者：李达

彩图 6-12　重叠技巧《平而不凡》
作者：薛科锋

《春》　　　　　　《夏》　　　　　　《秋》　　　　　　《冬》

彩图 6-13　《春夏秋冬》
作者：蔡仲娟

彩图 6-14　加框技巧《记录空间》
来源：第 7 届上海"花之韵"国际花艺展获奖作品

彩图 6-15　串连技巧《暴雨将至》
作者：黄玮婷

彩图 6-16　综合技巧《天上人间》
来源：四川时代花木职业学校

彩图 7-1　封闭式四面观花束
来源：花非花花艺工作室

彩图 7-2　祝寿生日花篮
作者：黄苏燕

彩图 7-3　正方形花盒
作者：申晨曦

彩图 7-4　新春花礼：竹报平安
作者：郑全超

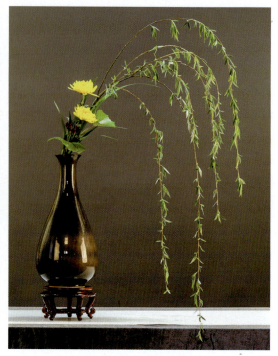

彩图 7-5　清明节插花
作者：郑全超

彩图 7-6　端午花礼
作者：郑全超

彩图 7-7　中秋花礼
作者：郑全超

彩图 7-8　母亲节花篮《温馨的爱》
作者：唐佳敏

彩图 7-9　情人节花束《爱的宣言》
作者：唐佳敏

彩图 8-1　半球型手捧花
作者：唐佳敏

彩图 8-2　水滴型手捧花
来源：塔莎·图朵

彩图 8-3　弯月型架构捧花
作者：梁嘉虹

彩图 8-4　圆型架构捧花
作者：陈忠

彩图 8-6　胸花
作者：梁嘉虹

彩图 8-5　手提型捧花
来源：四川时代花木职业学校

彩图 8-7　腕花
作者：梁嘉虹

不对称心型　　　　　　　　"U"字型　　　　　　　　"V"字型

彩图 8-8　婚车设计
来源：四川时代花木职业学校

彩图 8-9 "火热的爱"主题婚礼主舞台
来源：塔莎·图朵

彩图 8-10 婚礼餐桌花艺
来源：塔莎·图朵

彩图 9-3 中餐西式圆桌花
作者：陈亚军

彩图 9-1 国庆节酒店大堂花艺
《国泰民安》
作者：陈亚军

彩图 9-2 中秋节酒店大堂花艺
《花好月圆》
来源：塔莎·图朵

彩图 9-4 西餐西式长桌花
来源：塔莎·图朵

彩图：9-5　西餐中式景观桌花
来源：塔莎·图朵

彩图 9-6　茶几中式花艺
《雅韵》
来源：中华花艺浣花草堂

彩图 9-7　门厅花艺《尽显芳华》
作者：谢晓荣

彩图 9-8　卫生间
花艺《姿》
来源：塔莎·图朵

彩图 9-9　讲台花艺
作者：陈亚军

彩图 10-1　《清白传家》
作者：汉秀丽

彩图 9-10　会议桌花艺
作者：李雪松